ACTA BIOLOGICA ET MEDICA GERMANICA

HERAUSGEBER:

A. GRAFFI · H. GUMMEL · F. JUNG · A. KRAUTWALD
S. M. RAPOPORT

SCHRIFTLEITUNG: W. SCHELER

KADEMIE-VERLAG · BERLIN · BAND 4 · HEFT 2 · SEITE 119-221 · 1960

AUFNAHMEBEDINGUNGEN

1. Es werden nur Arbeiten angenommen, die nicht an anderer Stelle mit demselben Inhalt veröffentlicht oder zur Veröffentlichung angeboten werden. Der Autor verpflichtet sich nach Annahme, die Arbeit an keiner anderen Stelle zu veröffentlichen.

2. Die Arbeit muß wissenschaftlich wertvoll sein. Bestätigungen bekannter Tatsachen, Versuche und Beobachtungen ohne positives Ergebnis werden, wenn überhaupt, nur in kürzester Form aufgenommen. Nicht aufgenommen werden Arbeiten referierenden Charakters, Polemiken und rein spekulative Arbeiten, falls sie nicht ganz wesentliche neue Gesichtspunkte enthalten.

3. Kurzmitteilungen über experimentelle Ergebnisse werden bei der Drucklegung zeitlich bevorzugt. Für ihren Inhalt ist ausschließlich der Autor verantwortlich.

4. Die Arbeiten müssen kurz und klar geschrieben und gegliedert sein. Problematik (Einleitung), Methodik, Befunde und Diskussion, evtl. Schlußfolgerungen sollen deutlich in Erscheinung treten. Der Arbeit soll ein Kurzreferat der wesentlichsten Ergebnisse vorausgestellt werden (Zusammenfassung von höchstens einer Druckseite). Neben einer anderssprachigen erscheint auf jeden Fall eine deutsche Zusammenfassung. Die Arbeiten werden in folgenden Sprachen angenommen: Deutsch, Russisch, Englisch und Französisch.

5. Besonders wertvolle längere Arbeiten können als Beihefte veröffentlicht werden.

6. Von jeder Versuchsart bzw. jedem Tatsachenbestand oder jeder Krankengeschichte ist nur je ein Beispiel in knappester Form (Telegrammstil) zulässig. Weiteres Material ist als Tabelle oder grafisch darzustellen. Beobachtungen an biologischem oder medizinischem Material sollen mit Zahlenangaben über die Signifikanz der Ergebnisse belegt werden.

7. Literaturangaben müssen unter Verwendung der Abkürzung des Chemischen Zentralblattes und in der dort üblichen Form erfolgen: Name und Vorname des Autors, Band-, Seiten- und Jahreszahl. Bücher werden mit Titel, Verlag, Erscheinungsjahr und Seitenzahl zitiert, z. B. B. X. Y. nach M. N. Biochem. Z., 222, 45 (1951). Am Ende der Arbeit wird die Literatur in der Reihenfolge aufgenommen, wie sie im Text zitiert ist mit entsprechender Numerierung.

8. Doppeltitel sind zu vermeiden, ebenso Zerlegung einer Arbeit in mehrere Mitteilungen.

9. Das Manuskript muß am Kopf den Herkunftsort der Arbeit tragen. Am Ende des Manuskriptes wird der Name und die Anschrift des Verfassers bzw. des in erster Linie für den Inhalt verantwortlichen Verfassers wiedergegeben. Einsendungen von Arbeiten aus Kliniken und Instituten ist eine Erklärung des Direktors oder Abteilungsleiters beizulegen, daß er mit der Veröffentlichung einverstanden ist und dem Verfasser auf die Aufnahmebedingungen hingewiesen hat.

10. Das Manuskript ist einseitig und möglichst mit Maschine weitzeilig zu schreiben. Die Abbildungsvorlagen sind auf besonderen Blättern einzureichen.

11. Werden im Text wortgeschützte Bezeichnungen (z. B. Warenzeichen) benutzt, so ist nach Möglichkeit daneben eine international anerkannte und verständliche Bezeichnung (z. B. die chemische Zusammensetzung) anzugeben.

Die Herausgeber

Manuskripte sind an die Herausgeber zu senden oder direkt an die Redaktion der Acta biologica et medica germanica, Berlin-Buch, Lindenberger Weg 70

ACTA BIOLOGICA ET MEDICA GERMANICA

Herausgeber:

A. Graffi · H. Gummel · F. Jung · A. Krautwald · S. M. Rapoport

Band 4 1960 Heft 2

Acta biol. med. germ., Band 4, Seite 119—130 (1960)

Aus dem Hygiene-Institut der Friedrich-Schiller-Universität Jena
(Direktor: Prof. Dr. H. Urbach)

Ammonacetat in der Ernährungsphysiologie von Mikroorganismen

K. Linde und G. Schabinski

(Eingegangen am 24. 8. 1959)

Zusammenfassung

Nach Diskussion der stoffwechselphysiologischen Grundlagen des Essigsäureabbaues wurde unter Berücksichtigung der praktischen Belange in einem synthetischen Nährsystem mit einer 1,5%igen bzw. abgestuften Acetat-Konzentration der Essigsäureabbau durch verschiedene Pilzarten untersucht. Von 47 getesteten Pilzvertretern wurden zwei mit besonders üppigem Wachstum ausgewählt und differenzierteren Untersuchungen zugeführt. Es wurde deren Wachstum in Abhängigkeit von Temperatur, Wasserstoffionenzahl und Acetat-Konzentration getestet sowie ihre Fähigkeit des quantitativen Abbaues der Essigsäure bestimmt. Es konnte gezeigt werden, daß für den besten Acetat-abbauenden Pilz (Penicillium glaucum) ein 1,5%iger Acetatansatz zum quantitativen Abbau der Essigsäure ungeeignet ist. Erst bei reduzierter Acetat-Konzentration von 0,5% bzw. abgestuften Konzentrationen findet innerhalb von 4—6 Tagen ein vollständiger Essigsäure-Abbau statt. Unsere Untersuchungen dienten dem Zweck, für weitere technische Versuche Anhaltspunkte zu geben.

Die Verarbeitung niederer Fettsäuren, insbesondere die der Essigsäure, durch Mikroorganismen — Bakterien und Pilze — ist von großer Bedeutung für die Reinigung industrieller Abwässer. Bei der Kokerei und Schwelerei der Braunkohlen fallen Abwässer in großen Mengen an, die nach der Entfernung des größten Teils der Phenole hauptsächlich Ammonium-Salze von Fettsäuren enthalten und biologisch gereinigt werden müssen. Bei den bisher angewendeten Verfahren wird die organische Substanz vernichtet. Dünnwässer mit erheblichen Gehalten an freien Fettsäuren mit einer Kohlenstoffzahl von C_1 bis C_9 fallen auch bei der technischen Paraffinoxydation an.

In der Zellstoffindustrie werden beim Bisulfitaufschluß des Holzes ebenfalls Ablaugen erhalten, die neben Zuckern und anderen organischen, biologisch abbaubaren Stoffen ebenfalls Essigsäure enthalten. Besonders reich hieran sind die bereits auf Sprit vergorenen ausdestillierten Fichtenholzsulfitablaugen, die sogenannten „Schlempen". Diese werden bereits mit gutem Erfolg mittels Wuchshefen (Torula utilis, Candida arborea) auf Futtereiweiß verarbeitet [1].

Eines der wichtigsten technisch-mikrobiologischen Probleme ist z. Z., anstelle der Verfahren der Vernichtung der Fettsäuren durch biologische Methoden solche Verfahren zu entwickeln, die eine Ausnutzung der Fettsäuren für die Futtereiweiß-Gewinnung ermöglichen. Dieses Problem ist dadurch noch besonders dringend geworden, daß sich mit dem vollen Ausbau des Braunkohlenkombinats „Schwarze Pumpe" der Anfall von Schwelwässern etwa verdoppeln wird, so daß insgesamt im Jahr in 5—6 Millionen m^3 Schwelwässern über 30000 t Fettsäuren anfallen werden, die zum größten Teil als Ammoniumacetat vorliegen.

Nach restloser Entphenolierung durch Adsorptions- oder Oxydationsmethoden [2] ist es, wie im Arbeitskreis von Prof. Dr. A. Rieche [3] gefunden wurde, möglich, die Fettsäuren der Schwelwässer mittels Wuchshefen im kontinuierlichen Verfahren bei einer Verweilzeit von etwa nur 5 Stunden im Verhefungsapparat für die Futtereiweißerzeugung auszunutzen.

Schon lange ist, besonders durch die Arbeiten von H. Fink [4] bekannt, daß Torula utilis auf Essigsäure als ausschließlicher Kohlenstoffnahrung gezüchtet werden kann. Aus 100 g Essigsäure können dabei bis 38 g Hefetrockensubstanz erhalten werden.

Es ist durchaus noch nicht sicher, ob Torula utilis für die technische Verarbeitung von Fettsäuren auf Eiweiß der günstigste Organismus ist. Wuchshefen müssen auf Separatoren abgetrennt werden, was bei den vorliegenden großen Verdünnungen (3—4 g Trockenhefe pro Liter aus ca. 10 g Fettsäuren pro Liter) nicht unerhebliche Kosten verursacht. Mycelpilze lassen sich leichter isolieren. Sie können einfach „abgesiebt" werden. Eingehende Studien über die Frage der Möglichkeit der kontinuierlichen Züchtung von Mycelpilzen am Beispiel des Oidium lactis im Institut für organische Chemie der DAdW [5] brachten allerdings ein negatives Ergebnis. Wegen des gänzlich anderen biologischen Verhaltens läßt sich Oidium lactis nicht vollkontinuierlich züchten.

Trotzdem war es im Hinblick auf die oben skizzierten Probleme wichtig, eine große Zahl von Mikroorganismen auf ihre Fähigkeit zur Verwertung von Essigsäure als alleiniger Kohlenstoffquelle zu untersuchen. Deshalb wurden die nachfolgend beschriebenen Versuche durchgeführt.

Essigsäure entsteht als Produkt von Stoffwechselleistungen bestimmter Mikroorganismen durch Oxydation von Äthylalkohol, durch aerobe Dissimilation von Zuckern und Alkoholen sowie durch anaerobe Abbaumechanismen [6]. Die biologische Aktivität der Gattung Acetobacter, welche zur Familie der Pseudomonaceae [7] gehörig ist, interessiert vom industriellen Standpunkt. An die alkoholische Vergärung der Kohlehydrate durch Hefe wird die essigsaure Gärung angeschlossen [6]. Bei der Oxydation von Äthanol entsteht Essigsäure mit Acetaldehyd als Zwischenstufe. Acetaldehyd kann z. B. dann biologisch unter aeroben und anaeroben Bedingungen durch die Cannizzaro-Reaktion in Alkohol und Essigsäure umgelagert werden [6], [8], [9].

Andere Mikroorganismen spalten anaerob Glukose über Brenztraubensäure zu Essigsäure, wobei ein Teil der Essigsäure nicht direkt aus Brenztraubensäure, sondern aus H_2 und CO_2 gebildet werden soll [10]. Im Vergleich zur alkoholischen und Milchsäuregärung ist der Abbau zu Essigsäure energetisch ein Vorgang von größerem Nutzeffekt. Setzen wir die Verbrennungswärme der einzelnen Substrate: Glukose = 686 kcal/Mol, Äthanol = 326,7 kcal/Mol und Essigsäure 208,7 kcal/Mol [14] miteinander in Beziehung, so zeigt sich, daß sowohl beim Abbau über Äthanol-Acetaldehyd mit zwei Mol. Essigsäure oder über Brenztraubensäure mit 3 Mol. Essigsäure pro Mol. Glukose die gebildete Essigsäure noch einen großen Teil der Energie der Glukose enthält [11], [15].

Es ist bekannt, daß bei der Verwertung von organischen Säuren, Alkoholen und Aldehyden die Anfangsglieder [11] für die Mikroorganismen verhältnismäßig schlecht verwertbar sind. Dies liegt offenbar an der Giftigkeit dieser Substrate, die mit zunehmender Kettenlänge abnimmt. Spezialanpassungen bestimmter Arten lassen jedoch erkennen, daß diese Gesichtspunkte nicht für alle Keime zutreffen. Trotz der Vorliebe zur Dissimilation von aliphatischen Kohlenstoffverbindungen mit größeren C-Zahlen — sie findet hauptsächlich ihre Begrenzung durch die mit zunehmender Kettenlänge abnehmende Löslichkeit — haben zahllose Mikroorganismen die Fähigkeit, Essigsäure im Stoffwechsel zu verbrennen. Diese Erfahrung machte auch die Essigsäure-Industrie, der bekannt ist, daß bei niedriger Alkoholkonzentration im Ansatz die Essigsäure von den Bakterien abgebaut wird [6].

Bestimmte Bakterien [12], wie B. glycinophilus, bauen Essigsäure bei neutraler Reaktion ab, und farblose Flagellaten [13] sollen sogar ausgesprochene Essigsäure-Organismen sein.

Für die Dissimilation der Essigsäure bieten sich den Mikroorganismen, neben einer Oxydation der Methylgruppe oder einer Kondensation zu Acetessigsäure und deren oxydativen Abbau, zwei Wege an.

1. Der *Dicarbonsäurezyklus*: Zwei Moleküle Essigsäure werden nach möglicher Aktivierung durch Coenzym A zu Bernsteinsäure kondensiert. Aus dieser entsteht durch Dehydrierung Oxalessigsäure, welche durch Decarboxylierung in Brenztraubensäure übergeht. Die Brenztraubensäure wird in Anwesenheit von Coenzym A und weiteren Fermentfaktoren zu Acetyl-Co-A, d. h. aktiver Essigsäure decarboxyliert. Bekanntlich kommt der „aktivierten Essigsäure" im Stoffwechsel eine zentrale Position zu [23].

Dieser Dicarbonsäurezyklus soll möglicherweise den betreffenden Mikroorganismen als einziger oxydativer Abbauweg der Kohlehydrate dienen [15].

2. Die aktivierte Essigsäure kann nach *Kondensation mit Oxalessigsäure und* H_2O-*Aufnahme* in Zitronensäure übergehen und über den Zitronensäure-Zyklus abgebaut werden [15].

Diese Betrachtungen über Entstehung und Abbau von Essigsäure müssen durch allgemeine Gesichtspunkte zum Stoffwechsel der Mikroorganismen ergänzt werden. Zum Wachstum eines Keimes sind bekanntlich mehrere Faktoren [17] notwendig:

1. Eine Energiequelle, im allgemeinen vorzugsweise ein Kohlehydrat,
2. eine Kohlenstoffquelle, um die C-haltigen Stoffe der Zelle aufzubauen,
3. eine Stickstoffquelle,
4. Mineralstoffe,
5. Wirkstoffe, die nicht in jedem Falle selbst synthetisiert werden können.

Die Kohlenstoffquelle dient zumeist auch als Energiequelle. Sehen wir von den autotrophen Organismen ab, die mineralischen Kohlenstoff mittels einer Energiequelle verarbeiten, so lassen sich an Hand des oben angeführten Punkt zwei und Punkt drei die heterotrophen Organismen, als diejenigen, welche organischen Kohlenstoff verarbeiten, weitgehend aufgliedern. Die einzelnen heterotrophen Mikroben stellen sowohl an die Kohlenstoff- und Energiequelle recht unterschiedliche Anforderungen. Ebenso haben die verschiedenen Mikroorganismen in bezug auf die Stickstoffquelle recht unterschiedliche Bedürfnisse [11]. Viele Bakterien können ihren N-Bedarf aus anorganischen Stickstoffverbindungen decken. Sogar pathogene Vertreter, z. B. Salmonellen, können Ammoniumsalze verwerten. Andere Organismen, wie die Milchsäurebakterien, benötigen organisch gebundenen Stickstoff in Form von Aminosäuren. Der Bedarf an essentiellen Aminosäuren ist offenbar für Keime der gleichen Art mitunter recht unterschiedlich. Von Bakterien, die alle essentiellen Aminosäuren selbst synthetisieren, über Vertreter mit geringem Anspruch und Bakterien, die bis 18 Aminosäuren benötigen und damit anspruchsvoller als der Mensch sind, gibt es alle Übergänge [19].

Daraus ist ersichtlich, daß bei Kulturversuchen mit Mikroorganismen in synthetischen Nährlösungen, die nur aus Kohlehydraten und Salzen bestehen, zwar viele gut gedeihen, andere aber nur ein schlechtes oder gar kein Wachstum zeigen. Die Ursache liegt hier in dem unterschiedlichen Wirkstoffbedarf [18], wenn wir die Verwertbarkeit des Kohlehydrates und der Stickstoffquelle voraussetzen. Die Fähigkeit zum Wachstum ist in diesem Fall von dem Synthese-Vermögen der vermutlich für alle Organismen gleichermaßen benötigten Wirkstoffe abhängig. Diese Fähigkeit der Synthese kann bei den verschiedenen Stämmen variieren [18], [20], [21].

Diese Erkenntnisse sind zu berücksichtigen, wenn die Aufgabe besteht, für den Abbau eines bestimmten Substrates, wie es z. B. ein Industrieabwasser mit organischen Inhaltsstoffen darstellt, geeignete Mikroorganismen zu finden.

Für die Aufgabe, Abwässer mit einem Gehalt von 1 bis 1,5% Ammoniumacetat biologisch zu reinigen oder zu verwerten, ist auf folgendes zu achten:

a) Essigsäure wird als Kohlenstoffquelle von den verschiedenen Mikroorganismen, wenn überhaupt, recht unterschiedlich verwertet.

b) Die abbauenden Organismen müssen Ammoniak als Stickstoffquelle ausnützen und sämtliche Wirkstoffe selbst synthetisieren können.

c) Die Mikroorganismen müssen die Dissimilation in möglichst kurzer Zeit bewältigen.

d) Die entsprechenden Zellmassen sollen sich leicht ernten lassen und die Ertragsbildung muß ohne wesentliche Zugabe von anorganischem oder organischem Material in einer annehmbaren Proportion zur Nährstoffmenge stehen. Der Ertrag kann auch von der Menge und der Art der vorhandenen Salze abhängig sein [22]. Die Zugabe von Melasse oder ähnlicher Substrate dürfte sowohl die Rentabilität der industriellen Verarbeitung in Frage stellen und kann zu dem andererseits unerwünschte Erscheinungen zeigen. Die Zugabe anderer Kohlehydrate kann den Abbau der Essigsäure in Frage stellen. Die Verarbeitung von Kohlenstoffverbindungen durch die Bakterien hängt von der jeweiligen ökologischen Anpassung ab. So findet sich beim Essigsäure abbauenden Baz. glycinophilus durch 2% Glukose eine Wachstumshemmung [11].

Aufgabe der vorliegenden Arbeit soll es sein, in einem synthetischen Nährsystem mit abgestufter Acetatkonzentration, den Essigsäureabbau durch verschiedene Pilzarten zu untersuchen.

Experimenteller Teil

In einem Nährmedium mit 1,5% Ammoniumacetat, 0,1% Kaliumphosphat, 0,1% Kochsalz und 0,02% Magnesiumsulfat in Aq. dest. wurden die verschiedenen Pilz- und Hefearten mit dem Ziel getestet, einen geeigneten Acetat-abbauenden Organismus zu finden und einen Überblick über die Leistungsfähigkeit der vorhandenen Stämme zu gewinnen. Wir verwendeten dazu nicht nur frisch isolierte Stämme, sondern zunächst die in der Stammsammlung des Hygiene-Institutes enthaltenen Hefe- und Pilzkulturen. Wir suchten nach Pilzen, die ohne weitere organische Zusätze im angegebenen Nährboden ein gutes Wachstum zeigen und evtl. für den quantitativen Acetatabbau geeignet sind. Eine orientierende Übersicht vermittelt Tabelle 1a, in der hefeartige Mikroorganismen mit ihrer ab-

Tabelle 1a

Wachstum der Hefen auf Ammoniumacetat-Nährboden
Ammoniumacetat 1%ig + 0,1% Malzzusatz
Bebrütungszeit: 72 Std. Temperatur: 25°C
Zahlen = Ablesungswerte der Trübungsgrade im Photometer bei 550 mμ

Die Stämme wurden doppelt geprüft; die Photometermittelwerte sind mit abnehmender Wachstumsintensität aufgeführt

Keimart	Wachstumsstärke
Oidium lactis	flockige Kahmhaut
Geotrichum	flockige Kahmhaut
Candida pelliculosa	4
Candida guilliermondii	4
Candida tropicalis	4
Candida parapsilosis	4
Cryptococcus diffluens	7
Torulopsis glabrata	7
Candida albicans	8
Candida curvata	8
Candida catenulata	8
Rhodotorula mucilaginosa	10
Saccharomyces fragilis	13
Endomyces magnusii	15
Pichia fermantans	16
Saccharomyces marxianus	18
Candida macedoniensis	19
Candida melinii	20
Cryptococcus neoformans	20
Candida pseudotropicalis	20
Pichia farinosa	20
Rhodotorula rubra	22
Candida krusei	25
Candida reukaufii	25
Candida lipolytica	25
Nematospora coryli	25
Sporobolomyces roseus	25
Candida humicola	35
Leerkontrolle	43

nehmenden Wachstumsintensität auf Ammoniumacetat-Nährboden mit einem Gehalt von 1,5% Ammoniumacetat und 0,1% Malzextrakt zusammengefaßt sind. Die aufgeführten Hefen sind nur mit einem Malzzusatz im Ammoniumacetat-Nährboden anzüchtbar. Da es in den vorliegenden Untersuchungen gilt, reine Ammoniumacetat-Nährboden auf ihren Abbau zu kontrollieren, wurde diese Richtung nicht weiter verfolgt. In Tabelle 1b sind die Fadenpilze mit abnehmender Wachstumsstärke

Tabelle 1b
Wachstum der Fadenpilze auf Ammoniumacetat-Nährboden
(1,5%ig ohne Malzzusatz, p_H original)
Bebrütungszeit: 6 Tage, Temperatur: 25°C

Keimart	Wachstumsstärke
Penicillium glaucum	++++
Scopulariopsis spec.	+++ (p_H 7,0)
Aspergillus oryzae	++
Chaetomium globosum	++
Rhizopus nigricans	++
Aspergillus niger	++
Aspergillus nidulans	+
Aspergillus fumigatus	+
Fusarium	+
Trichothecium roseum	+
Syncephalastrum	+
Absidia glauca	+
Aspergillus amsterodami	(+)
Mucor racemosus	(+)
Trichoderma viride	(+)
Paecilomyces	—
Alternaria	—
Thielavia sepedonium	—
Botrytis cineria	—

Zeichenerklärung:
++++, +++ = sehr starkes Wachstum
++ = starkes Wachstum
+ = Wachstum
(+) = schwaches Wachstum
— = kein Wachstum

zusammengestellt. Es ist ersichtlich, daß vor allem Penicillium glaucum und Scopulariopsis spec. auf Grund ihres üppigen Wachstums in 1,5% Ammoniumacetatlösung ohne Zusätze einer weiteren Detailuntersuchung zugängig gemacht wurden.

Methodik

Nährbodenherstellung: 1,5% Ammonacetat oder entsprechend geringere Konzentrationen (s. u.) sowie 1‰ K_2HPO_4, 1‰ NaCl und 0,2‰ $MgSO_4$ wurden in Aqua dest. gelöst. Nach Hinzufügen von wässerigen Bromthymolblau (0,3 ml der Standardlösung auf 1 l) wurden die mit Natronlauge auf den gewünschten p_H-Wert eingestellten Nährlösungen in Pilzschalen ca. 2,0 cm hoch eingefüllt und mit Watte luftdurchlässig verschlossen. Die Sterilisierung erfolgte durch fraktioniertes Erhitzen im Dampftopf von je 30 Min.

Beimpfung: Penicillium glaucum und Scopulariopsis spec. wurden vorwiegend unversport im flüssigen Acetatnährboden kultiviert. Scopulariopsis spec. wuchs als Submerskultur bei Zimmertemperatur und wöchentlicher Überimpfung. Die Überimpfung erfolgte durch Übertragung von ca. 10 bis 20 ml bewachsener Kulturlösung auf 350—400 ml frische Kulturlösung.

Penicillium glaucum hielten wir als Myzel-Kultur durch fortlaufende Passage (zweimal wöchentlich) im flüssigen Substrat bei einer Bebrütungstemperatur von 37°C. Die Überimpfung erfolgte durch Herausnahme von Oberflächenhautteilen mit der Öse, die dann in der Subkultur innerhalb der ersten 48 Stunden mehrfach geschüttelt wurden. Beim Anwachsen bildete sich eine Oberflächenhaut mit teilweise geringen Tiefenmyzelien aus. Ebenso konnte die Subkultur durch Überimpfen von Tiefenmyzelien in Kulturflüssigkeit sicher durchgeführt werden. Zusätzlich wurden zwei saprophytäre, grampositive Diplokokken-Stämme mitgeprüft. Diese wurden durch wöchentlich zweimalige Passage über einen 1,5%igen Acetatnährboden mit 2%igem gewässerten Agar-Agar gehalten. Die Beimpfung erfolgte mittels Öse.

Neutralisierung: Durch das Wachstum der Pilze und der Bakterien trat eine zunehmende Alkalisierung des Nährbodens auf, die bei einem p_H-Wert von über 8,0 das Wachstum behinderte. Dieses Alkalischwerden des Nährbodens hat folgende Ursache: Im Ammoniumacetat ist etwa die fünffache Menge an Stickstoff vorhanden, wie zur Eiweißbildung aus der gegebenen Essigsäuremenge notwendig ist. Nach Maßgabe des Verbrauchs der Essigsäure wächst die Menge an freiem, nicht assimiliertem Ammoniak. Dadurch wird das Nährmedium alkalisch. Mittels 10%iger Salzsäure wurde die mit Bromthymolblau versetzte Kulturlösung auf einen blaugrünen Farbton zurücktitriert (p_H 7,0).

Ergebnisse

Der Acetatnährboden ist in seiner Originalform mit einem ursprünglichen p_H-Wert um 4,3 nicht in jedem Falle für alle Pilzarten verwertbar. Das Wachstum der beiden Myceten und der zwei willkürlich ausgewählten Bakterienvertreter (gram-positive Diplokokken) in Abhängigkeit von der Wasserstoffionenkonzentration und der Temperatur veranschaulicht dies. (Siehe Tabelle 2). Hierbei ist zu beachten, daß Scopulariopsis und die Bakterien auf dem 2% Agar-Agar enthaltenden synthetischen Nährboden besser wuchsen, als im flüssigen Substrat, während Penicillium glaucum sowohl im bezug auf Anwachsen der eingesäten Sporen als auch mit der Entwicklung des myzelhaltigen Inoculums im flüssigen Substrat günstigere Verhältnisse als beim festen Nährboden vorfindet. Über das Wachstum der obengenannten Mikroorganismen im flüssigen bzw. festen Substrat orientiert Tabelle 2. Dabei ist nicht die Wachstumsmorphologie berücksichtigt, die im flüssigen Milieu als Kahmhaut oder diffuse Flocken in Erscheinung treten kann.

Tabelle 2

1,5 % Ammonacetat 1 ‰ Kaliumphosphat 1 ‰ Kochsalz 0,2 ‰ Mg-Sulfat Aqua dest.	22° C fest: mit 2 % Agar			22° C flüssig		37° C fest: mit 2 % Agar			37° C flüssig	
	Scop.	gram + muc. Diplok.	gram + Diplok.	Penic. glaucum Sporenkeimung	Penic. glaucum Myzel	Scop.	gram + muc. Diplok.	gram + Diplok.	Penic. glaucum Sporenkeimung	Penic. glaucum Myzel
Orig.	∅	∅	∅	+	(+)	∅	∅	∅	∅	∅
5,0	∅	∅	∅	+	+	∅	∅	∅	∅	∅
6,0	∅	∅	∅	+	+	∅	∅	∅	∅	∅
6,5	+	+	+	+	+	(+)	∅	∅	∅	∅
7,0	+	+	+	+	+	(+)	∅	+	vzt.	++
7,5	+	+	+	(+)	+	(+)	∅	+	vzt.	++
7,8	+	+	+	∅	+	(+)	∅	+	vzt.	++
8,3	(+)	(+)	(+)	∅	(+)	((+))	∅	(+)	∅	+

Ablesungszeit nach 4 Tagen

∅ = keine Sporenauskeimung, kein Wachstum

((+)) = minimales Wachstum

(+) = zahlreiche Sporenauskeimung, schwaches Wachstum

\+ = massenhafte Sporenauskeimung, Wachstum

++ = starkes Wachstum

vzt. = vereinzelt

Auf Grützplatten sind fürdie Pilze in bezug auf den p_H-Wert und die Temperatur, abgesehen von der Üppigkeit des Wachstums, die Kulturbedingungen ähnlich begrenzt wie auf Acetatnährboden. Unter diesen Bedingungen läßt sich für einen 1,5%igen Acetatgehalt bei den getesteten Organismen keine Giftigkeit ermitteln. Ähnliches gilt für die Diplokokken auf Fleischwasseragar. Eigenartigerweise sind sogar für Penicillium glaucum bei 37° C und p_H 7,2 bis 8,0 im Acetatnährboden offenbar bessere Wachstumsbedingungen im Vergleich zum Grützagar vorhanden.

Neben Temperatur und Wasserstoffionenzahl übt auch die Acetat-Konzentration einen Einfluß auf die Wachstumsgeschwindigkeit aus. Diese Abhängigkeit tritt besonders für Penicillium glaucum in Erscheinung und ist aus Tabelle 3 ersichtlich.

Der quantitative Abbau wurde anhand der gegebenen Milieubedingungen im flüssigen Nährsubstrat für die einzelnen Vertreter bestimmt.[1]

Die durch das Wachstum der Keime zunehmende Alkalität des Nährbodens mit ihrer Wachstumsbehinderung wurde durch täglich zweimalige Salzsäure-Zugaben auf einen p_H-Wert von ca. 7,0 reduziert. Der Acetatabbau durch die hauptsächlich geprüften Pilzarten in Abhängigkeit von Temperatur und Zeit ist in Tabelle 4 festgehalten.

[1] Die Analysen wurden in dankenswerterweise von Herrn Dr. HÄDICKE, Institut f. Arzneimittelprüfung, durchgeführt.

Tabelle 3

Sporenauskeimung und Wachstum von Penicillium glaucum

% Ammonacetat 1% K_2HPO_4 1% NaCl 0,2% $MgSO_4$ Aqua dest		1,5%		0,75%		0,37%	
		Sporen-auskeimung	Wachstum	Sporen-auskeimung	Wachstum	Sporen-auskeimung	Wachstum
22° C	pH Orig.	+	(+)	+	(+	+	+
	pH 7,2	(+)	+	+	(+	+	+
37° C	pH Orig.	∅	∅	∅	∅	vzt.	+
	pH 7,2	vzt.	++	vzt.	+++	vzt.	++++

Ablesungszeit nach 4 Tagen

(+ = leicht verzögertes Wachstum

(+) = schwaches Wachstum, zahlreiche Sporenauskeimung

\+ = Wachstum, massenhafte Sporenauskeimung

++, +++, ++++ = zunehmend starkes Wachstum

vzt. = vereinzelt

Tabelle 4

Abbau von Acetat in einer 1,5%igen Ausgangslösung

Beimpft mit	Penicillium glaucum				Saprophytäre Diplok. muc. gram +	Saprophytäre Diplok. gram +	Scopul.
Temperatur	37°	37°	37°	22°	22°	37°	22°
Zeit in Tagen	5	8	13	24	18	18	12
Anfangskonzentration in %	1,5	1,5	1,5	1,5	1,5	1,5	1,5
Endkonzentration in %	1,2	1,0	0,8	0,5	0,6	0,85	1,2

Wie Tabelle 4 erkennen läßt, scheiden die Bakterienvertreter nicht nur wegen der Schwierigkeit ihrer Aberntung, sondern wegen ihres unzureichenden quantitativen Acetatabbaues pro Zeiteinheit für einen praktisch anwendbaren Essigsäureabbau aus. Ebenso scheint Scopulariopsis für den gleichen Zweck nicht geeignet zu sein. Die „besten Werte" zeigt Penicillium glaucum, obwohl der Pilz beim 1,5%igen Ansatz für die Reduzierung des Acetates um ein Drittel ca. eine Woche benötigt. Hierzu muß bemerkt werden, daß trotz ausreichend vorhandenem Nährsubstrat das Wachstum nach vier bis fünf Tagen zum Erliegen kommt. Dies ist durch Anreicherung mit hitzestabilen Hemmsubstanzen gegen den eigenen

Stamm bedingt. Durch Aufkochen und Neubeimpfung mit Myzelien ließ sich in der abgeernteten Kulturlösung für Penicillium glaucum kein brauchbares Wachstum erzielen. Trotz Sistieren des makroskopisch erkennbaren Wachstums findet in der nicht abgeernteten Kultur ein weiterer geringer Abbau bis auf 0,8% Acetat-Gehalt statt. Die Zeiträume sind jedoch zu groß, um einer solchen Dissimilation eine praktische Bedeutung beimessen zu können. Eine nachfolgende Beimpfung des Penicillium glaucum-Nährbodens mit Scopulariopsis spec. scheidet aus, da das Wachstum und der Abbau des Acetates durch diesen Pilz zu langsam erfolgt. Mit anderen Worten: der Acetat-Nährboden ist mit seiner Konzentration von 1,5% zum vollständigen Abbau der Essigsäure ungeeignet. Entsprechend der Beobachtungen in Tabelle 3 versuchten wir durch Verringerung der Acetat-Konzentration einen vollständigen Abbau der Essigsäure in annehmbarer Zeit zu erreichen. Zu diesem Zweck wurden Nährböden mit fallender Acetat-Konzentration hergestellt, mit Penicillium glaucum-Myzelien beimpft und bei 37° C bebrütet. Die täglichen p_H-Regulierungen erfolgten wie oben beschrieben.

Tabelle 5

Abbau von Ammonacetat bei 37° C in verschieden konzentrierten Ammonacetatlösungen.

Ammonacetat-Konzentration	0,75%	0,5%	0,3%
Konzentration nach 6 Tagen	0,1%	⌀	⌀

Während bei 0,75% Ammonacetat bis auf 0,1% abgebaut wird, finden wir bei 0,5% und niederen Acetat-Konzentrationen innerhalb von vier bzw. von sechs Tagen einen vollständigen Abbau bzw. eine solche Reduzierung, daß die Essigsäure bei Überdestillation mit Phosphorsäure nicht mehr nachweisbar war.

Die quantitative Myzelienausbeute haben wir im Hinblick auf die vorrangige Bedeutung des Acetatabbaues nicht weiter verfolgt. Die als Oberflächenhaut und zum geringen Teil als grobe Flocken wachsenden Myzelien lassen sich leicht ernten. Mit Abnahme der Essigsäure-Konzentration im Nährbodenansatz läuft bis zu einem gewissen Grade ein Anstieg der Massenausbeute parallel. Die Ausbeute von 700 ml einer 0,5%igen Acetatnährlösung ist mit ca 800 mg Trockensubstanz und Totalverbrauch an Essigsäure günstiger im Vergleich zur selben Menge 0,75%igen Nährlösung, die bis auf 0,1% Acetat-Konzentration abgebaut und einen Ertrag von 690 mg Trockensubstanz ergab. Die Myzelienausbeute ist bei den niedrigeren Acetat-Konzentrationen eindeutig günstiger. Dies deckt sich mit den Befunden bei der submersen Züchtung von Oidium lactis auf Zuckern und Essigsäure als Substrat. Die Ausbeute ist auch hier bei geringeren Konzentrationen höher [5].

Die von uns gefundenen Ergebnisse des Acetatabbaues dürften für industrielle Belange in dieser Form zweiffellos unbefriedigend sein, auch wenn bei technischer Anlage durch kontinuierliche p_H-Regulierung und zusätzliche Belüftung für ein ausreichendes Tiefenwachstum die Abbauzeiten verkürzt werden können. Die vorliegenden Daten sollen lediglich die Problematik und Schwierigkeit des Acetatabbaues demonstrieren und für weitere Versuche der technischen Ausnutzung Anhaltspunkte geben.

Herrn Prof. Dr. A. RIECHE sind wir für die Anregungen und die Durchsicht des Manuskripts zu Dank verpflichtet.

Literatur

[1] RIECHE, A.: Chem. Ing. Techn. **29**, 818—19 (1957) (siehe auch G. HILGETAG, A. RIECHE u. A. MARTINI, diese Zeitschrift **1**, 566—576 (1959.)
[2] RIECHE, A., H. SEEBOTH u. H. SEYFARTH: Zusammenfassende Übersicht: Brennstoffchemie **40**, 194—197
[3] Monatsbericht der DAdW Berlin: **1**, 296—99 (1959). Wasserwirtschaft-Wassertechnik, im Druck.
[4] FINK, H. u. I. KREBS: Biochem. Z. **300**, 59, 175 (1938).
[5] RIECHE, A.: Wasserwirtschaft-Wassertechnik, 1960, im Druck; HILGETAG, RIECHE, MARTINI, LORENZ erscheint in dieser Zeitschrift.
[6] PRESCOTT, S. C. u. C. G. DUNN: Industrielle Mikrobiologie. Berlin 1959: VEB Deutscher Verlag der Wissenschaften.
[7] Bergey's Manual of Determinative Bacteriology 6th ed. Baltimore 1948: The Williams & Wilkins Company.
[8] NEUBERG, C. u. F. WINDISCH: Biochem. Z. **166**, 454 (1925).
[9] WIELAND, H. u. A. BERTHO: Ann. **467**, 98 (1928). MOLINARI, E.: Biochem. Z. **216**, 187 (1929).
[10] BARKER, H. A. u. Mitarb.: J. Bacteriol. **47**, 301 (1944). Proc. nat. Acad. Sci. USA **30**, 88 (1944). **31**, 355 (1945).
[11] RIPPEL-BALDES: Grundriß der Mikrobiologie II. Aufl. Berlin-Göttingen-Heidelberg 1952: Springer Verlag.
[12] RIPPEL, A. u. Mitarb.: Arch. Microbiology **10**, 359 (1939). **12**, 285 (1942).
[13] PRINGSHEIM, E. G.: Beitr. Allg. Bot. **2**, 88 (1921).
[14] STAUDE, H.: Physikal. Chem. Taschenbuch Band II. Leipzig 1949: Akad. Verlagsgesellschaft Geest & Portig, K. G.
[15] HOFFMANN-OSTENHOF, O.: Enzymologie. Wien 1954: Springer Verlag
[16] KREBS, H. A.: Brit. Med. Bull. **9**, 97 (1953).
[17] RITTER, W.: VI th Intern. Congress for Microbiology Roma. Symposium Nutrition and Growth Factors 1954, S. 157.
[18] NIELSEN, N.: Wuchsstoffe und Antiwuchsstoffe der Mikroorganismen. Jena 1945: Fischer Verlag.
[19] RUDOLPH, W.: Wuchsstoffe und Antiwuchsstoffe. Bern 1948: Verlag Hans Huber.
[20] SCHOPFER, W.: Erg. Biol. **16**, **1** (1939).
[21] JANKE, A.: Zbl. Bacteriol. II. Abtlg. **100**, 409 (1939).
[22] RIPPEL, A.: Das Ertragsgesetz. In Honcamps Handbuch der Pflanzenernährungs- und Düngerlehre, S. 602. Berlin 1931: Springer Verlag.
[23] WIELAND, O.: Münch. Med. Wschr. **101**, 501 (1958).

Summary

Following discussion of the metabolic basis under consideration of practical purposes the acetic acid breakdown was studied in a synthetic nutritive milieu with a concentration of acetate of 1,5% and various other concentrations in different species of fungi. Among 47 fungi tested two of them which showed a particularly exuberant growth were chosen for more differentiated studies.

Their growth was tested in dependence of temperature, pH and acetate concentration and their capacity for quantitive metabolism of acetic acid was determined. It could be shown that for the best acetate metabolizing fungus (penicillium glaucum) a 1,5% acetate concentration is unsuizted for quantitative breakdown of acetic acid. Only with reduced acetate concentration of 0,5% or less a complete breakdown of acetic acid takes place within 4—6 days. Our studies served the purpose to obtain suggestions for further technical experiments.

Резюме

После дискуссии основных вопросов физиологии обмена веществ при расщеплении уксусной кислоты исследуется расщепление уксусной кислоты различными грибками в синтетической питательной среде с 1,5%-ой или другой концентрацией ацетата. Из 47 исследованных видов грибков были выбраны два с более скорым ростом, которые особенно подробно исследовались. При этом изучался их рост в зависимости от температуры, p_H и концентрации ацетата, также как и их способность количественно расщеплять уксусную кислоту. Оказалось, что для длучше всего расщепляющего грибка (Penicillium glaucum) добавление 1,5%-ого ацетата непригодно для количественного расщепления уксусной кислоты. Только при понижении концентрации ацетата на 0,5% было найдено через 4—6 дней полное расщепление уксусной кислоты. Наши исследования имели цель дать материал дальнейщим техническим исследованиям.

Acta biol. med. germ., Band 4, Seite 131—150 (1960)

Aus dem Institut für Kortiko-Viszerale Pathologie und Therapie der Deutschen Akademie der Wissenschaften zu Berlin-Buch (Direktor: Prof. Dr. med. R. BAUMANN)

Der Einfluß einer kleinen Dosis Reserpin (0,1 mg/kg) auf Ausbildung und Ablauf bedingter Reaktionen I. und II. Ordnung

K. HECHT, E. SCHEER, K. TREPTOW und S. CHOINOWSKI

(Eingegangen am 5. 9. 1959)

Zusammenfassung

In der vorliegenden Arbeit wird über den Einfluß einer kleinen Dosis (0,1 mg/kg) Reserpin auf Ausbildung und Ablauf bedingter Reaktionen I. und II. Ordnung berichtet.

Mit der verwendeten Dosis wurde an jüngeren Ratten ausschließlich ein statistisch gesicherter hemmender Einfluß auf den Ablauf der verschiedenen bedingten Reaktionen erzielt.

Die mittlere Ausbildungsdauer der bedingten Reaktionen II. Ordnung sind unter 0,1 mg/kg Reserpin gegenüber den Kontrollen statistisch signifikant verlängert, während die Ausbildungsdauer der bedingten Reaktionen I. Ordnung entweder unbeeinflußt bleibt oder etwas verkürzt ist.

Eine Gegenüberstellung der Wirkung von Reserpin und Chlorpromazin auf die verschiedenen bedingt reflektorischen Kriterien der Nahrungsmethode offenbart ein kontraverses Verhalten beider Substanzen.

Auf Grund der Ergebnisse wird eine kortikal hemmende Wirkung des Reserpins angenommen, wobei Angriffspunkte des Medikamentes auf andere Abschnitte des ZNS nicht ausgeschlossen werden.

Die bisherigen Untersuchungen des Reserpins in seiner Wirkung auf das ZNS ergeben ein recht diffuses Bild. Das gilt nicht nur allein für die mit den klassischen pharmakologischen Methoden gewonnenen Ergebnisse [2]—[6], [21], [22], [36] sondern auch für klinische Befunde [8], [24] und für Resultate, die mit elektrophysiologischen [1], [9], [10], [25]—[27] und bedingt-reflektorischen Methoden [7], [11], [17]—[20], [31], [32], [34], [35] erzielt wurden.

Wenn auch inzwischen die meisten Autoren für einen vorwiegend zentralen Wirkungsmechanismus eintreten, so gibt es besonders in der topischen Festlegung des zerebralen Angriffs von Reserpin sehr unterschiedliche Ansichten. Während einige Untersucher [3]—[6], [8], [27] eine dämpfende Wirkung auf subkortikale Abschnitte beobachten, sahen andere eine Stimulierung der mesendiencephalen aktivierenden Substanz bei unbeeinflußter kortikaler Funktion [25], [26]. GANGLOFF und Monier [9], [10] fanden eine dämpfende Wirkung des Reserpin auf Kortex und Thalamus und eine erhöhte Reizschwelle auf elektrische Reize. Barraclough [1] dagegen konnte keine Veränderung der Reizschwelle registrieren. An dekortizierten Tieren konnte Schneider und Mitarb. [28]—[30] feststellen, daß eine volle Wirkung des Reserpin an das Vorhandensein des Kortex gebunden ist.

Bei der Prüfung des Einflusses von Reserpin auf das bedingt-reflektorische Verhalten an Ratten, hatten Klupp und Kieser [18] negative Resultate. Eine dämpfende bzw. hemmende Wirkung auf den Ablauf beobachteten Smith und Wagmann [31], Weiskrantz und Wilson [34], [35], Ehrlich und Mitarbeiter [7], Horisberger und Grandjean [17], Sterescu-Volanski und Mitarbeiter [32]. Gliedmann und Gantt [11] konnten mit einer einmaligen sehr hohen Dosis bedingte Orientierungsreaktionen zum Erlöschen bringen.

Mit einer höheren Gabe von Reserpin (2,5 mg/kg) registrierten Knoll und Knoll [19], [20] ein Erlöschen bedingter Abwehrreaktionen, mit niederen Dosen (0,5 mk/kg) dagegen nur eine dämpfende Wirkung des Medikamentes. Diese, u. E. nur graduellen Unterschiede in der Wirkung des Reserpins auf den Ablauf verschiedener bedingter Reaktionen, ist sicherlich in der unterschiedlichen Dosierung und in methodischen Differenzen zu suchen. Es ist auch anzunehmen, daß die Ursache der divergierenden Ergebnisse mit anderen Methoden in dieser Richtung zu suchen ist. Bei der Betrachtung der von anderen Autoren verwandten Dosen sind Werte von 0,5—5 mg/kg zu finden. Mit noch niedrigeren Dosierungen wurde unseres Wissens mit der bedingtreflektorischen Methode an Labortieren nicht gearbeitet. Knoll [20] sah unter 0,25 mg/kg Reserpin auf den Ablauf bedingter Abwehrreaktionen an Ratten nur einen geringen medikamentösen Effekt.

Trotz dieser relativ einheitlichen Resultate, die mit den bedingt-reflektorischen Methoden gewonnen wurden, sind die Schlußfolgerungen und die Ansichten in der topischen Festlegung des zerebralen Angriffs von Reserpin sehr verschieden. Weiskrantz und Wiison [34], [35] sowie Ehrlich, Frankowa und Sléger [7] nehmen einen subkortikalen Angriffspunkt an, wobei letztere ihn speziell in die formatio reticularis verlegen. Smith und Mitarbeiter [31] sowie Sterescu-Volanski und Mitarbeiter [32] vertreten einen kortikalen Ansatz.

Bei der Durchführung der vorliegenden Arbeit stellten wir uns folgende Aufgaben:

1. zu prüfen, welchen Einfluß Reserpin in einer relativ geringen Dosierung (0,1 mg/kg) auf Ausbildung und Ablauf bedingter Reaktionen I. und II. Ordnung von Ratten hat.

2. zu versuchen, zur Klärung der topischen Bestimmung des zerebralen Angriffsortes von Reserpin beizutragen, wozu wir den von Misgeld und Hecht [23] ausgearbeiteten bedingt-reflektorischen Arzneimitteltest verwendeten, dessen neuer Charakter in der Einführung bedingter Reaktionen höherer Ordnung, in der Ermittlung der Ausbildungsdauer bedingter Reaktionen und in der Ermittlung ihrer Hemmungs-Erregungsquote besteht. Dieser Test basiert auf vorausgegangenen Untersuchungen, mit denen die Autoren glauben, den unterschiedlichen Bildungsort bedingter Reaktionen I. und höherer Ordnung und die rein kortikale Schließung bedingter Reaktionen höherer Ordnung bewiesen zu haben.

3. zu untersuchen, inwieweit methodische Unterschiede (Flucht- und Nahrungsmethode) die Resultate beeinflussen können.

Methodik

Wir arbeiteten mit 180, bei Versuchsbeginn 5—6 Monate alten 180—230 g schweren Albinoratten beiderlei Geschlechts unseres aus Tieren verschiedener Stämme hervorgegangenen Eigenzuchtstammes, die mit einer Standardkost ernährt und zu je zwei in gut gelüfteten Käfigen untergebracht waren. Die Untersuchungen wurden mit der von uns entwickelten Mehrzweckkammer [14] durchgeführt. Wir benutzten eine Variante der bedingtreflektorischen motorischen Nahrungsmethode, bei der das Tier bis zum Futternapf, wo die Nahrungsbekräftigung mit jeweils 1 ml 20%iger Glukoselösung erfolgte, eine Strecke von 50 cm zurücklegen und eine Pendeltür öffnen mußte, und eine Variante der bedingtreflektorischen motorischen Fluchtmethode, bei der nach einem elektrischen Reiz (Wechselstrom von 50 Hz und eine regulierbare Spannung zwischen 20—24 V) das Tier auf ein 7 cm über dem Boden befindliches Brettchen springen mußte.

Reizfolge, Reizdauer und Art der bedingten Reize sind aus den Versuchsprotokollen (Tabellen 1 und 2) ersichtlich. Die Ausbildung eines bedingten Nahrungsreflexes II. Ordnung erfolgte durch die Kombination eines Tonreizes mit dem der ersten Differenzierungshemmung im Stereotyp folgenden bedingten Reiz I. Ordnung, der in diesem Falle nicht bekräftigt wurde. Das Intervall zwischen beiden Reizen betrug 5 sec. Der später zur Anwendung gekommene akustische Differenzierungsreiz wurde an das Ende des Stereotyps gesetzt. Die bedingte motorische Abwehrreaktion II. Ordnung bildeten wir ebenfalls durch einen Tonreiz aus, indem wir ihn mit dem dritten und vorletzten positiven Reiz im Stereotyp kombinierten. Auch in diesem Fall betrug das Intervall zwischen den bedingten Reizen II. und I. Ordnung 5 sec. Weitere Einzelheiten über die Ausbildung bedingter Reflexe II. Ordnung sind aus früheren Arbeiten zu entnehmen [13], [15], [16].

Ein Versuchskollektiv bestand immer aus 10 Kontroll- und 10 Versuchstieren. In den sich über Monate hinziehenden Versuchen starben nur vereinzelt Tiere.

Die Versuchstiere erhielten täglich eine Stunde vor Versuchsbeginn eine Dosis von 0,1 mg/kg Körpergewicht Reserpin subcutan injiziert. Wir verwendeten eine 2 mg%ige Lösung. Die Kontrolltiere erhielten analoge Mengen physiologische Kochlösung. Bei einigen Gruppen wurde Reserpin bzw. physiologische Kochsalzlösung täglich 2 Wochen lang, bei anderen Gruppen 1 Woche lang gegeben. Alle Versuche registrierten wir mit unserem Polygraphen [14]. Aus den gewonnenen Kurven ermittelten wir die Summe aus Reaktions- und Laufzeiten bis zum Öffnen der Klappe, als Latenzzeiten im Text bezeichnet, und die Freßzeiten.

Nach einer bereits früher beschriebenen Methode [15] wurden die Mittelwerte der Latenzzeiten und die Hemmungs-Erregungs-Quoten der einzelnen bedingt-reflektorischen Kriterien der Versuchs- und Kontrolltiere statistisch verglichen.

Zur Prüfung der Signifikanz zwischen 2 Latenzzeit- bzw. Freßzeitmittelwerten benutzten wir die t-Verteilung nach Weber [33].

$$s_d^2 = \frac{1}{N_1 + N_2 - 2} \left[\Sigma \, (x_i' - \bar{x}')^2 + \Sigma \, (x_i'' - \bar{x}'')^2 \right]$$

$$t = \frac{\bar{x}' - \bar{x}''}{s_d} \cdot \sqrt{\frac{N_1 N_2}{N_1 + N_2}}$$

Die Hemmungs-Erregungs-Quoten wurden verglichen nach Weber [33].

$$\frac{D}{s_d} = \frac{|p_1 - p_2|}{\sqrt{pq \frac{N_1 + N_2}{N_1 N_2}}}.$$

Tabelle 1

Stereotyp der bedingtreflektorischen motorischen Nahrungsmethode. Licht 1 (Mitte) 4,2 Lux, Licht 3 (Links) 4,3 Lux. Versuchsprotokoll. Versuch Nr. 12, Ratte 1166 (♂) 14. 11. 1958, 8.12 Uhr

Minuten nach Versuchsbeginn	Art und Nr. des Reizes	Bedeutung	Reizdauer in sec	Reaktions- u. Laufzeit in sec	Nahrungs- bekräftigung	Dauer der Nahrungs- bekräftigung in sec	Bemerkungen
1	Licht 1, 58	Positiv. bed. Reiz	10	2,9	1 ml Glukose- lösg. (20%ig)	36	
2	Licht 1, 59	Positiv. bed. Reiz	10	4,1	1 ml Glukose- lösg.	23	
3	Licht 3, 9	Diff.-Reiz	10	+	—	—	Orientierungs- Reaktion
4	Licht 1, 60	Positiv. bed. Reiz	10	3,6	1 ml Glukose- lösg.	36	
5	Licht 1, 61	Positiv. bed. Reiz	10	7,4	1 ml Glukose- lösg.	55	
6	Licht 3, 10	Diff.-Reiz	10	+	—	—	
7	Licht 1, 62	Positiv. bed. Reiz	10	3,9	1 ml Glukose- lösg.	48	

Tabelle 2

Stereotyp der bedingtreflektorischen motorischen Abwehrmethode. Licht 4 (Rechts) 2,3 Lux, Licht 2 (Mitte) 46 Lux. Versuchsprotokoll. Versuch-Nr. 21, Ratte 1260 (♂) 27. 2. 1959, 7.55 Uhr

Minuten nach Versuchsbeginn	Art und Nr. des Reizes	Bedeutung	Reizdauer in sec	Reaktionszeit in sec	Abwehrbe-kräftigung	Bemerkungen
0,5	Licht 4, 124	Positiv. bed. Reiz	10	0,3	—	
1,0	Licht 4, 125	Positiv. bed. Reiz	10	3,1	—	Putzreaktion
1,5	Licht 4, 126	Positiv. bed. Reiz	10	2,3	—	
2,0	Licht 2, 5	Diff.-Reiz	10	+	—	
2,5	Licht 4, 127	Positiv. bed. Reiz	10	—	Wechselstrom 50 Hz, 25 V	Orientierungs-Reaktion
3,0	Licht 4, 128	Positiv. bed. Reiz	10	1,9	—	
3,5	Licht 4, 129	Positiv. bed. Reiz	10	2,9	—	Zeitlupen-Reaktion
4,0	Licht 2, 6	Diff.-Reiz	10	+	—	

Als Signifikanzgrenze wählten wir die der 3s-Grenze der Normalverteilung entsprechende Überschreitungswahrscheinlichkeit von 99,73%. In einigen Fällen wurde noch die der 2s-Grenze der Normalverteilung zugehörende Überschreitungswahrscheinlichkeit von 95,45% zur Beurteilung der Signifikanz herangezogen. Sind in den graphischen Darstellungen der Differenzkurven R—K (Werte der Kontrolltiere von den Werten der Reserpintiere subtrahiert) die Überschreitungswahrscheinlichkeiten nicht besonders eingezeichnet, so sind sie stets kleiner als 95,45%.

Versuchsergebnisse

1. Allgemeine Beobachtungen

Bereits innerhalb der ersten Stunde nach der Injektion beobachteten wir bei den Tieren Schläfrigkeit, das Auftreten von Miosis und das Vorfallen der Nickhaut. Diese Erscheinungen nahmen in den folgenden Stunden und nach den folgenden 2—4 Injektionen (2—4 Tage) bemerkenswert, nach weiteren Injektionen nur geringfügig zu. Aus dem Schlafzustand waren die Tiere leicht durch taktile, akustische und optische Reize zu wecken. Dieser Wachzustand wurde durch eine gewisse Benommenheit beeinträchtigt. In einem ruhigen abgedunkelten Raum schliefen die Tiere nach etwa 3—5 min wieder ein, dagegen blieben sie in einem hellen und geräuschvollen Raum oft mehrere Stunden wach. Die Nahrungsaufnahme wurde durch Reserpininjektion nicht beeinträchtigt. Das gleiche gilt auch für den Verlauf der Körpergewichtskurve. Der normal geformte Kot veränderte sich bei den unter Reserpin stehenden Tieren 12—18 Std. nach der ersten Injektion und nahm einen breiigen Zustand an. Wenige Stunden nach Beendigung der ein- bzw. zweiwöchigen Applikation hatte er die normale Konsistenz wieder erlangt. Schläfrigkeit, Miosis und Nickhautvorfall dagegen klangen erst nach 8—12 Tagen völlig ab. Eine Veränderung der Körpertemperatur durch Reserpin konnten wir bei unserer Dosierung an den Tieren nicht beobachten. Die Messungen wurden rektal vor der Injektion, sowie 1, 2 und 4 Std. nach der Injektion vorgenommen!

2. Der Einfluß des Reserpins auf die unbedingten Reaktionen

Als unbedingte Nahrungsreaktion werten wir die Dauer der oralen Aufnahme von 1 ml Glukose-Lösung (20%ig), die nach jedem positiven Reiz als Bekräftigung gegeben wurde (im folgenden Freßzeit genannt) und als unbedingte Abwehrreaktion die Flucht vor dem elektrischen Reiz. In der Tabelle 3 werden die Wochenmittelwerte der Freßzeiten sowie die wöchentlichen Hemmungs-Erregungsquoten (in dieser Arbeit als HEQ abgekürzt) und die Wochenmittelwerte der Reaktionszeiten der Fluchtreaktion von Versuchs- und Kontrolltieren miteinander verglichen. Während die Freßzeiten als unbedingte Nahrungsreaktion unter 0,1 mg Reserpin unbeeinflußt bleiben, sind die mittleren Reaktionszeiten und die HEQ der unbedingten Abwehrreaktion etwas, jedoch nicht signifikant verkürzt.

Tabelle 3

Unbedingte Reaktionen unter 0,1 mg/kg Reserpin und unter Kontrollbedingungen.

a) Mittlere Latenzzeiten und Hemmungs-Erregungs-Quoten der unbedingten Reaktion auf Stromreiz.

Versuchswoche	Unbedingte Abwehrreaktion					
	Reserpintiere		Kontrolltiere		Diff. R-K	Überschreitungswahrscheinlichkeit in %
	$M \pm s_m$	n	$M \pm s_m$	n		
1. (Reserpinwoche)	0,9 ± 0,1	143	0,9 ± 0,1	133	± 0,0	< 95,45

Hemmungs-Erregungs-Quote der unbedingten Abwehrreaktion

Versuchswoche	Reserpintiere $M \pm s_m$	Kontrolltiere $M \pm s_m$	Diff. R-K	Überschreitungswahrscheinlichkeit in %
1. (Reserpinwoche)	0,02 ± 0,01	0,03 ± 0,01	—0,01	< 95,45

b) Mittlere Freßzeiten

Versuchswoche	Mittlere Freßzeiten					
	Reserpintiere		Kontrolltiere		Diff. R-K	Überschreitungswahrscheinlichkeit in %
	$M \pm s_m$	n	$M \pm s_m$	n		
8. (Vorkontrolle)	36 ± 2	238	37 ± 2	218	— 1	< 95,45
9. (1. Reserpinwoche)	34 ± 2	149	32 ± 2	207	+ 2	< 95,45
10. (2. Reserpinwoche)	30 ± 2	79	30 ± 2	100	± 0	< 95,45
11. (Nachkontrolle)	36 ± 2	239	35 ± 2	246	+ 1	< 95,45

3. Die Ausbildungsdauer (Ad) der verschiedenen bedingten Reaktionen unter Reserpin

In der Tabelle 4 ist die mittlere Ausbildungsdauer der verschiedenen bedingten Reaktionen dargestellt. Die Ad der bedingten motorischen Abwehr- und Nahrungsreaktionen II. Ordnung unter Behandlung mit dem Medikament sind gegenüber den Kontrollen signifikant verlängert, d. h., die bedingten Reaktionen II. Ordnung lassen sich unter Reserpin schwerer ausbilden als unter Normalbedingungen. Während die Ad der bedingten motorischen Abwehrreaktionen I. Ordnung vom Medikament unbeeinflußt bleiben, lassen sich die bedingten motorischen Nahrungs-

Tabelle 4

Übersicht über die mittlere Ausbildungsdauer bedingter motorischer Nahrungs- und Abwehrreaktionen verschiedener Ordnung unter 0,1 mg/kg Reserpin und unter Kontrollbedingungen

Reaktion	Art der Reize	0,1 mg/kg Reserpin		Kontrolle		Diff. R—K	Überschreitungs-wahrscheinlichkeit in %
		$M \pm s_m$	n	$M \pm s_m$	n		
Bed.-mot. Nahrungsreaktion I. Ordnung	Licht 1 (Mitte, 4,2 Lux)	3,9 ± 0,1	20	4,7 ± 0,3	20	—0,8	<99,73 >95,45
Optische Differenzierungs-hemmung	Licht 3 (links, 4,3 Lux)	4,0 ± 0,8	10	6,3 ± 0,2	9	—2,3	<99,73 >95,45
Bed.-mot. Nahrungsreaktion II. Ordnung	Ton 1 (1000 Hz, 80 Ph)	4,3 ± 0,3	20	2,3 ± 0,1	19	+2,0	>99,73
Akustische Differenzierungs-hemmung	Ton 2 (500 Hz, 81 Ph)	1,4 ± 0,2	10	2,2 ± 0,3	9	—0,8	<99,73 >95,45
Bed.-mot. Abwehrreaktion I. Ordnung	Licht 4 (rechts, 2,3 Lux)	4,2 ± 0,4	10	4,2 ± 0,4	10	±0,0	<95,45
Bed.-mot. Abwehrreaktion II. Ordnung	Ton 1 (1000 Hz, 80 Ph)	3,7 ± 0,3	11	2,4 ± 0,2	10	+1,3	>99,73

reaktionen I. Ordnung bei den Versuchstieren schneller ausarbeiten als bei den Kontrolltieren. Eine Signifikanz ist jedoch nur mit 95,45% Wahrscheinlichkeit gegeben.
Die Ad der Differenzierungshemmungen auf optische und akustische Reize war bei den Versuchstieren ebenfalls nur mit einer Wahrscheinlichkeit von 95,45% verkürzt.

4. Der Ablauf bedingter Reaktionen I. Ordnung unter dem Medikament

Die mittleren Latenzzeiten und die Hemmungserregungsquoten der bedingten motorischen Nahrungsreaktionen I. Ordnung sind bei den mit Reserpin behandelten Tieren in den verschiedenen Versuchsabschnitten gegenüber den Kontrolltieren in allen Fällen signifikant verlängert, d. h., unter Reserpin vollzog sich eine Verschiebung nach der Hemmungsseite (Tabellen 5, 6, Abb. 1, 2 und 3).

Tabelle 5

Wochenmittelwerte der Latenzzeiten (LZ) und Hemmungs-Erregungs-Quoten (HEQ) zur Zeit der Ausbildung und Festigung der optischen Differenzierungshemmung unter täglicher Injektion von 0,1 mg/kg Reserpin und unter Kontrollbedingungen

Versuchswoche	1. (Vorkontrolle)	2. (1. Reserpinwoche)	3. (2. Reserpinwoche)	4. (Nachkontrolle)	5. (Nachkontrolle)
LZ des bedingten Reflexes I. Ordnung					
Reserpintiere $M \pm s_m$	3,3 ± 0,1	3,8 ± 0,2	3,7 ± 0,2	3,3 ± 0,2	1,9 ± 0,1
n	276	110	142	121	176
Kontrolltiere $M \pm s_m$	3,4 ± 0,2	2,4 ± 0,1	2,2 ± 0,1	2,2 ± 0,1	2,1 ± 0,1
n	206	259	274	121	229
Differenz R—K	—0,1	+1,4	+1,5	+1,1	—0,2
Überschreitungswahrscheinlichkeit in %	<95,45	>99,73	>99,73	>99,73	<95,45
HEQ des bedingten Reflexes I. Ordnung					
Reserpintiere $M \pm s_m$	0,48 ± 0,02	0,60 ± 0,03	0,65 ± 0,02	0,62 ± 0,02	0,30 ± 0,02
Kontrolltiere $M \pm s_m$	0,42 ± 0,02	0,28 ± 0,02	0,22 ± 0,02	0,20 ± 0,02	0,16 ± 0,02
Differenz R—K	+ 0,06	+ 0,32	+ 0,43	+ 0,42	+ 0,14
Überschreitungswahrscheinlichkeit in %	<99,73 >95,45	>99,73	>99,73	>99,73	>99,73
HEQ der optischen Differenzierungshemmung					
Reserpintiere $M \pm s_m$	—	0,85 ± 0,04	0,87 ± 0,02	0,74 ± 0,03	0,57 ± 0,04
Kontrolltiere $M \pm s_m$	—	0,10 ± 0,02	0,50 ± 0,03	0,65 ± 0,03	0,64 ± 0,01
Differenz R—K	—	+ 0,75	+ 0,37	+ 0,09	— 0,07
Überschreitungswahrscheinlichkeit in %	—	>99,73	>99,73	<99,73 >95,45	<95,45

Tabelle 6

Wochenmittelwerte der Latenzzeiten (LZ) und Hemmungs-Erregungs-Quoten (HEQ) zur Zeit der Ausbildung der akustischen Differenzierungshemmung unter täglicher Injektion von 0,1 mg/kg Reserpin und unter Kontrollbedingungen (gefestigter Stereotyp mit bedingtem Reflex II. Ordnung)

Versuchswoche	10. (Vorkontrolle)	11. (1. Reserpinwoche)	12. (2. Reserpinwoche)	13. (Nachkontrolle)	14. (Nachkontrolle)
LZ des bekräftigten bed. Reflexes I. Ordnung					
Reserpintiere $M \pm s_m$	2,4 ± 0,1	3,1 ± 0,2	2,9 ± 0,2	2,8 ± 0,2	2,4 ± 0,1
n	153	140	128	149	126
Kontrolltiere $M \pm s_m$	2,1 ± 0,03	1,9 ± 0,06	1,7 ± 0,04	1,6 ± 0,07	1,5 ± 0,05
n	73	117	200	160	120
Differenz R—K	+ 0,3	+ 1,2	+ 1,2	+ 1,2	+ 0,9
Überschreitungswahrscheinlichkeit in %	<99,73 >95,45	>99,73	>99,73	>99,73	>99,73
HEQ des bekräftigten bed. Reflexes I. Ordnung					
Reserpintiere $M \pm s_m$	0,24 ± 0,02	0,42 ± 0,03	0,47 ± 0,03	0,35 ± 0,03	0,20 ± 0,02
Kontrolltiere $M \pm s_m$	0,21 ± 0,03	0,09 ± 0,02	0,09 ± 0,01	0,05 ± 0,02	0,04 ± 0,02
Differenz R—K	+ 0,03	+ 0,33	+ 0,38	+ 0,30	+ 0,16
Überschreitungswahrscheinlichkeit in %	<95,45	>99,73	>99,73	>99,73	>99,73
HEQ der optischen Differenzierungshemmung					
Reserpintiere $M \pm s_m$	0,71 ± 0,03	0,92 ± 0,02	0,98 ± 0,03	0,48 ± 0,04	0,83 ± 0,03
Kontrolltiere $M \pm s_m$	0,83 ± 0,04	0,75 ± 0,04	0,85 ± 0,02	0,88 ± 0,04	0,94 ± 0,02
Differenz R—K	— 0,12	+ 0,17	+ 0,13	— 0,40	— 0,11
Überschreitungswahrscheinlichkeit in %	<95,45	>99,73	>99,73	>99,73	<99,73 >95,45
LZ des bedingten Reflexes II. Ordnung					
Reserpintiere $M \pm s_m$	2,2 ± 0,2	3,7 ± 0,4	4,0 ± 0,4	4,1 ± 0,5	2,4 ± 0,3
n	35	32	16	22	32
Kontrolltiere $M \pm s_m$	2,0 ± 0,1	2,0 ± 0,2	1,8 ± 0,1	1,6 ± 0,1	1,6 ± 0,1
n	18	30	30	18	29
Differenz R—K	+ 0,2	+ 1,7	+ 2,2	+ 2,5	+ 0,8
Überschreitungswahrscheinlichkeit in %	<95,45	>99,73	>99,73	>99,73	<99,73 >95,45
HEQ des bedingten Reflexes II. Ordnung					
Reserpintiere $M \pm s_m$	0,23 ± 0,05	0,68 ± 0,05	0,82 ± 0,04	0,32 ± 0,05	0,32 ± 0,06
Kontrolltiere $M \pm s_m$	0,25 ± 0,07	0,11 ± 0,04	0,13 ± 0,03	0,13 ± 0,05	0,10 ± 0,04
Differenz R—K	— 0,02	+ 0,57	+ 0,69	+ 0,19	+ 0,22
Überschreitungswahrscheinlichkeit in %	<95,45	>99,73	>99,73	<99,73 >95,45	<99,73 >95,45

Fortsetzung: Tabelle 6

Versuchswoche	10. (Vorkontrolle)	11. (1. Reserpinwoche)	12. (2. Reserpinwoche)	13. (Nachkontrolle)	14. (Nachkontrolle)
			LZ des unbekräftigten bed. Refl. I. Ordnung		
Reserpintiere $M \pm s_m$	$2{,}3 \pm 0{,}2$	$3{,}9 \pm 0{,}4$	$3{,}9 \pm 0{,}4$	$3{,}0 \pm 0{,}5$	$3{,}1 \pm 0{,}4$
n	32	24	28	23	29
Kontrolltiere $M \pm s_m$	$2{,}7 \pm 0{,}4$	$3{,}1 \pm 0{,}4$	$2{,}1 \pm 0{,}2$	$2{,}6 \pm 0{,}3$	$1{,}6 \pm 0{,}1$
n	18	27	28	19	30
Differenz R—K	— 0,4	+ 0,8	+1,8	+0,4	+ 1,5
Überschreitungswahrscheinlichkeit in %	<95,45	<95,45	>99,73	<95,45	<99,73 >95,45
			HEQ des unbekräftigten bed. Refl. I. Ordnung		
Reserpintiere $M \pm s_m$	$0{,}26 \pm 0{,}05$	$0{,}67 \pm 0{,}05$	$0{,}61 \pm 0{,}05$	$0{,}60 \pm 0{,}05$	$0{,}39 \pm 0{,}06$
Kontrolltiere $M \pm s_m$	$0{,}30 \pm 0{,}05$	$0{,}35 \pm 0{,}06$	$0{,}20 \pm 0{,}04$	$0{,}23 \pm 0{,}07$	$0{,}03 \pm 0{,}02$
Differenz R—K	— 0,04	+ 0,32	+ 0,41	+ 0,37	+ 0,36
Überschreitungswahrscheinlichkeit in %	<95,45	>99,73	>99,73	<99,73 >95,45	>99,73
			HEQ der akustischen Differenzierungshemmung		
Reserpintiere $M \pm s_m$	—	$0{,}91 \pm 0{,}03$	$0{,}96 \pm 0{,}02$	$0{,}78 \pm 0{,}04$	$0{,}94 \pm 0{,}03$
Kontrolltiere $M \pm s_m$	—	$0{,}88 \pm 0{,}04$	$0{,}89 \pm 0{,}03$	$0{,}90 \pm 0{,}05$	$1{,}00 \pm 0{,}00$
Differenz R—K	—	+ 0,03	+ 0,07	— 0,12	— 0,06
Überschreitungswahrscheinlichkeit in %	—	<95,45	<95,45	<95,45	<95,45

Bemerkenswert ist, daß viele Kurven ihren höchsten Gipfel nach Absetzen der Applikation erreichen. Die Rückkehr zur Norm erfolgt nach kontinuierlichem Abfall erst in der 2. bzw. 3. Woche nach Beendigung der Applikation.

Die Kurven, in denen die Tagesmittelwerte dargestellt werden, zeigen, daß vom ersten Tage an der hemmende Einfluß in voller Wirkung vorhanden ist. Das einmal erreichte Niveau wird bis zum Absetzen nur durch zufällige Schwankungen etwas verändert. Nach Ende der Medikation sind in diesen Kurven eindeutig eine kürzere Phase starker Nachwirkung mit einer folgenden, länger anhaltenden Phase geringer werdender Nachwirkung zu sehen (Abb. 3). Auf die neu ausgebildeten bedingten Abwehrreaktionen I. Ordnung hat Reserpin ebenfalls eine hemmende Wirkung, die jedoch nicht so deutlich wird wie bei den Nahrungsreaktionen. Es wird sogar eine Tendenz zur Festigung der bedingten Reaktionen deutlich.

Während die HEQ einen signifikanten Unterschied zwischen den Versuchstier- und Kontrolltiermittelwerten verdeutlichen, zeigen die Latenzzeiten diesen wegen ihrer größeren Schwankungsbreite nur am 4. Versuchstag.

Nach Absetzen der Injektion erfolgt die Normalisierung wesentlicher schneller als bei der bedingten Nahrungsreaktion.

Bei Einwirkung des Reserpins auf gefestigte Abwehrreaktionen I. Ordnung ist hingegen während der Verabreichung des Medikamentes kein signifikanter Unterschied ermittelt worden. Ob die anschließend aufgetretene signifikante Divergenz der Kurven Folge der Reserpinwirkung ist, erscheint fraglich (Abb. 6).

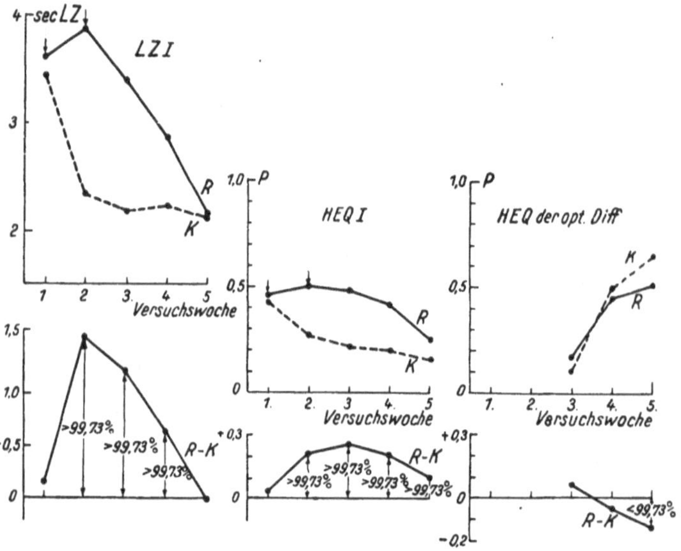

Abb. 1. Wochenmittelwerte der Latenzzeiten und Hemmungs-Erregungs-Quoten verschiedener Kriterien zur Zeit der Ausbildung und Festigung des bedingten motorischen Nahrungsreflexes I. Ordnung unter 0,1 mg/kg Reserpin und unter Kontrollbedingungen.

Abkürzungs- und Zeichenerklärung:

LZ I, LZ Ia = Latenzzeit des bed. Reflexes I. Ordnung
LZ II = Latenzzeit des bed. Reflexes II. Ordnung
LZ Ib = Latenzzeit des unbekräftigten bed. Reflexes I. Ordnung, auf dem sich der Reflex II. Ordnung aufbaut.
HEQ = Hemmungs-Erregungs-Quoten der entsprechenden Reflexe
HEQopt. Diff. = Hemmungs-Erregungs-Quote der optischen Differenzierungshemmung
R = Mittelwerte der Reserpin-Versuchs-Tiere
K = Mittelwerte der Kontrolltiere
R—K = Darstellung der Differenz dieser Mittelwerte mit eingetragener Überschreitungswahrscheinlichkeit
p = relative Ereignishäufigkeit
↓ = tägliche Injektion von 0,1 mg/kg Reserpin

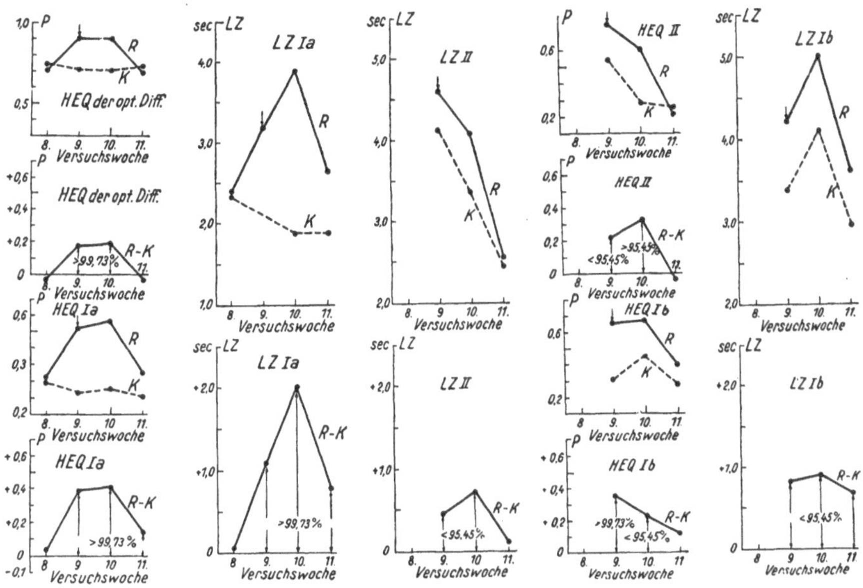

Abb. 2. Wochenmittelwerte der Latenzzeiten und Hemmungs-Erregungs-Quoten verschiedener Kriterien zur Zeit der Ausbildung und Festigung des bedingten motorischen Nahrungsreflexes II. Ordnung unter 0,1 mg/kg Reserpin und unter Kontrollbedingungen.

Abkürzungs- und Zeichenerklärung wie bei Abb. 1

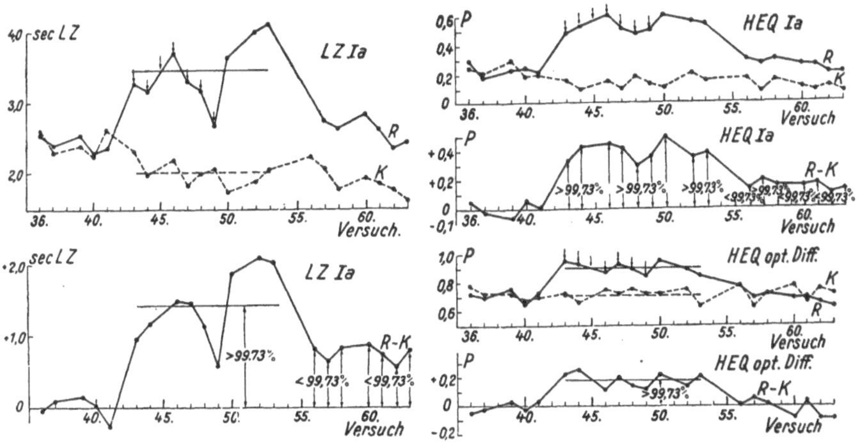

Abb. 3. Tagesmittelwerte der Latenzzeiten und Hemmungs-Erregungs-Quoten zur Zeit eines gefestigten Stereotyps mit bedingtem motorischen Nahrungsreflex I. Ordnung und optischer Differenzierungshemmung unter 0,1 mg/kg Reserpin und unter Kontrollbedingungen.

Abkürzungs- und Zeichenerklärung wie bei Abb. 1. Die waagerechten Striche geben die Lage eines für mehrere Tage zusammengefaßten Mittelwertes an

5. Der Einfluß des Reserpin auf den Ablauf bedingter Reaktionen II. Ordnung

Übereinstimmend sind bei den bedingten motorischen Abwehr- und Nahrungsreaktionen unter Reserpin signifikant verlängerte Latenzzeiten und vergrößerte HEQ (Tabelle 6, Abb. 2 und 6) zu verzeichnen. Den höchsten Gipfel erreichen die Kurven ebenso wie bei den bedingten Reaktionen I. Ordnung, nach Beendigung der Applikation. Die Ausgangswerte werden ebenfalls in analoger Weise zu den bedingten Reaktionen I. Ordnung im Laufe der 2. bzw. 3. Woche nach den Injektionen erreicht.

6. Die Wirkung von Reserpin auf die Differenzierungshemmungen

Die HEQ der auf einen optischen Reiz ausgearbeiteten Differenzierungshemmungen zeigen sowohl in Abwehr- als auch im Nahrungsstereotyp unter Reserpin einen signifikanten Anstieg, d. h., auch bei diesem Kriterium wurde eine Verstärkung der Hemmungsprozesse hervorgerufen. Die Nachwirkung des Medikamentes war aber nur eine Woche lang zu beobachten.

Bei der auf einen akustischen Reiz ausgearbeiteten Differenzierungshemmung stieg die HEQ unter Reserpin ebenfalls an. Da schon unter Normalbedingungen die Hemmung stark ausgeprägt war, ließ sich keine statistisch gesicherte Signifikanz für die Versuchstiere ermitteln.

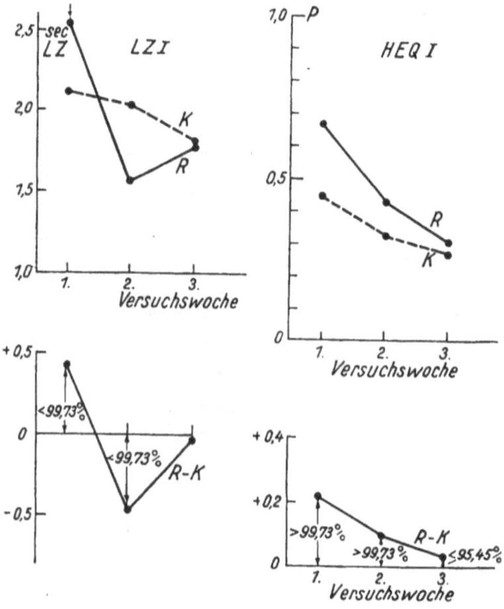

Abb. 4. Wochenmittelwerte der Latenzzeit und Hemmungs-Erregungs-Quote zur Zeit der Ausbildung und Festigung des bedingten motorischen Abwehrreflexes I. Ordnung unter 0,1 mg/kg Reserpin und unter Kontrollbedingungen.

Abkürzungs- und Zeichenerklärung wie bei Abb. 1

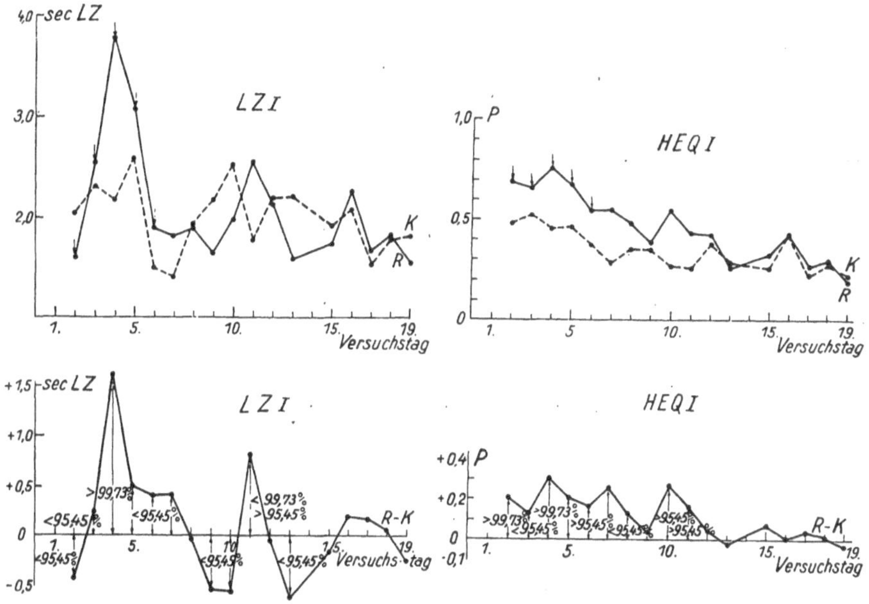

Abb. 5. Tagesmittelwerte der Latenzzeitenund Hemmungs-Erregungs-Quoten bei Ausbildung und Festigung des bedingten motorischen Abwehrreflexes I. Ordnung unter 0,1 mg/kg Reserpin und unter Kontrollbedingungen.

Abkürzungs- und Zeichenerklärung wie bei Abb. 1

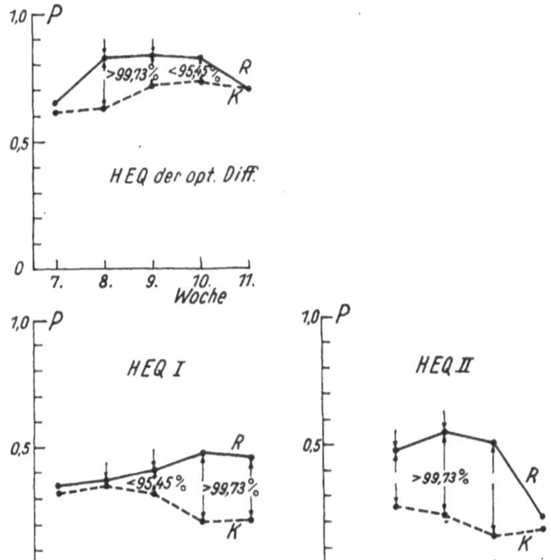

Abb. 6. Wochenwerte der Hemmungs-Erregungs-Quoten verschiedener Kriterien zur Zeit der Ausbildung des bedingten motorischen Abwehrreflexes II. Ordnung unter 0,1 mg/kg Reserpin und unter Kontrollbedingungen.

Abkürzungs- und Zeichenerklärung wie bei Abb. 1

Diskussion

Wie die dargelegten Ergebnisse zeigen, hat Reserpin mit der von uns verwandten Dosis (0,1 mg/kg) an Ratten ausschließlich einen statistisch gesicherten hemmenden Einfluß auf den Ablauf der verschiedenen bedingten Reaktionen. Da wir diesen Effekt mit weit geringeren Dosen als alle anderen Autoren erzielen konnten, glauben wir mit unserer Methodik ein empfindliches Testverfahren zur Untersuchung zentralwirkender Substanzen zu besitzen.

In diesem Zusammenhang ist noch ein Hinweis von Bein und Mitarb. [2] zu erwähnen, wonach Ratten eine 10fach höhere Dosis an Reserpin zur Auslösung bestimmter Wirkungszeichen benötigen als höhere Säugetiere und der Mensch.

Die ausgearbeiteten bedingten Abwehrreaktionen I. Ordnung wurden jedoch weniger von der Wirkung des Reserpin betroffen als alle anderen in dieser Arbeit herangezogenen bedingtreflektorischen Kriterien der Abwehr- und Nahrungsmethoden. Das kommt ganz besonders in der Periode der Nachwirkung des Medikamentes zum Ausdruck. Ähnliche Beobachtungen machten auch Klupp und Kieser [18], die mit bedingten Abwehr- und Nahrungsreaktionen I. Ordnung arbeiteten. Obgleich sie insgesamt bei ihren Untersuchungen von Reserpin und Chlorpromazin keine eindeutig statistisch gesicherten Resultate erhielten, sahen sie, daß die Abwehrreaktionen schwerer durch diese Medikamente zu beeinflussen sind als Nahrungsreaktionen. Man könnte auf Grund dieser Ergebnisse dazu neigen, die Ursache für diese Erscheinungen in der Methodik zu suchen und die bedingtreflektorische motorische Nahrungsmethode als ein empfindlicheres Testverfahren zu interpretieren als die Abwehrmethode. Für den Ablauf bedingter Reaktionen I. Ordnung scheint das bei dem verwendeten Medikament zuzutreffen, dagegen nicht für den Ablauf bedingtreflektorischer motorischer Reaktionen II. Ordnung und für die Differenzierungshemmung, wie es unsere Ergebnisse zeigen.

Es erhebt sich damit die Frage, ob die bedingten Abwehr- und Nahrungsreaktionen I. Ordnung über verschiedene Bahnen im ZNS ablaufen, wovon die eine mehr von dem Medikament beeinflußt wird als die andere. Das zu klären bedarf jedoch weiterer Untersuchungen mit komplexen Methoden. Es müßte weiterhin geprüft werden, inwieweit es auch unter dem Einfluß anderer Medikamente differente Ereignisse zwischen zwei methodischen Varianten gibt.

Ein Erlöschen, selbst von noch nicht sehr gefestigten bedingten Reaktionen, konnten wir unter Reserpin nicht beobachten, wie z. B. Knoll und Knoll [19]. Wir sahen im Gegenteil sogar eine Festigung der bedingten Reaktionen unter der Wirkung des Medikamentes, die jedoch nicht so ausgeprägt war wie bei den Kontrolltieren. Mit Sicherheit ist der Unterschied zwischen den Ergebnissen von Knoll und Knoll [19] und den unsrigen in der Dosierung zu suchen. Diese Autoren verwendeten eine

25fach höhere Dosis, um dieses Phänomen hervorzurufen. Bei niederen Dosen erzielten sie nur eine dämpfende Wirkung. Ob das Erlöschen der bedingten Reaktionen bei der Verwendung hoher Dosen auf die spezifische Wirkung des Medikamentes oder bereits auf allgemeine toxische Erscheinungen zurückzuführen ist, kann nicht entschieden werden.

Bevor wir einige Bemerkungen zur topischen Festlegung des cerebralen Angriffs des Reserpin machen werden, möchten wir eine tabellarische Gegenüberstellung der Wirkung von Reserpin und Chlorpromazin auf die verschiedenen Kriterien unserer bedingtreflektorischen motorischen Nahrungsmethode geben (Tabelle 7). Die zum Vergleich herangezogenen Chlorpromazinwerte entnahmen wir aus Unterlagen einer früheren Arbeit, die Hecht zusammen mit Misgeld und Haring durchführte [12].

Tabelle 7

Vergleich der Wirkung von Reserpin und Chlorpromazin auf verschiedene Kriterien der bedingten motorischen Nahrungsreaktionen

Bed.-reflekt. Kriterium der Nahrungsreaktion	unter 0,1 mg/kg Reserpin	unter 1,0 u. 5,0 mg/kg Chlorpromazin
Ausbildungsdauer des bedingten Reflexes I. Ordng.	unverändert	signifikant verlängert
Ausbildungsdauer des bedingten Reflexes II. Ordng.	signifikant verlängert	unverändert
Latenzzeit des bedingten Reflexes I. Ordng.	signifikant verlängert	unverändert
Latenzzeit des bedingten Reflexes II. Ordng.	signifikant verlängert	unverändert
Hemmungs-Erregungs-Quote des bedingten Reflexes I. Ordng.	signifikant verlängert	unverändert
Hemmungs-Erregungs-Quote des bedingten Reflexes II. Ordng.	signifikant verlängert	unverändert
Hemmungs-Erregungs-Quote der optischen Differenzierungshemmung	signifikant verlängert	unverändert
Hemmungs-Erregungs-Quote der akustischen Differenzierungshemmung	signifikant verlängert	unverändert
Freßzeiten nach dem bedingten Reflex I. Ordng. (unbedingte Reaktion)	unverändert	signifikant verlängert

Die Versuchsbedingungen waren prinzipiell die gleichen wie bei unserer hier vorliegenden Arbeit.

Auffallend ist das kontraverse Verhalten beider Substanzen auf die einzelnen bedingten Reaktionen.

Auf Grund dieser Ergebnisse möchten wir annehmen, daß Reserpin nicht in den gleichen Hirnregionen angreift wie Chlorpromazin. Unterschiedliche Resultate bei vergleichenden Untersuchungen von Reserpin und Chlorpromazin mit der elektrophysiologischen Methode konnten z. T. auch Gangloff und Monier [9], [10] an Kaninchen mit relativ hohen Dosen und Knoll und Knoll mit der bedingtreflektorischen Methode an Ratten, ebenfalls mit höheren Dosen beobachten. Es bestehen jedoch zu unseren Ergebnissen nur in einigen Punkten Übereinstimmungen, was wahrscheinlich dosis- und versuchsbedingt ist. Klinische Befunde von Flügel und Bente [8] sprechen für einen Synergismus beider Substanzen bei kombinierter Anwendung, wobei nach Meinung der Autoren Reserpin auf die tieferen Regionen des ZNS dämpfend wirken soll.

Auch unsere Ergebnisse schließen einen Synergismus nicht aus. Zur Klärung müßte eine kombinierte Applikation beider Pharmaka auf die bed. reflektorische Tätigkeit geprüft werden.

Die erschwerte Ausbildung bedingter Reaktionen höherer Ordnung, deren rein kortikalen Schließungsmechanismus Hecht und Hecht und Misgeld [13], [16] in früheren Arbeiten glauben nachgewiesen zu haben, sowie der hemmende Einfluß auf bedingte reflektorische Abläufe und die Unbeeinflußbarkeit der unbedingten Reaktionen, veranlaßt uns, eine kortikal hemmende Wirkung für Reserpin anzunehmen.

Bestärkt in unserer Ansicht werden wir durch die Arbeiten von Schneider [28]—[30], Smith und Mitarbeiter [31] sowie Sterescu-Volanski und Mitarbeiter [32], die ebenfalls für eine den Cortex hemmende Wirkung des Reserpin plädieren.

Wir sind jedoch nicht der Meinung, daß der Cortex als alleiniger Angriffspunkt für das Reserpin in Frage kommt. Zu dieser Annahme veranlaßten uns die folgenden Fakten:

Bei der Ausbildung der bedingten Nahrungsreaktionen I. Ordnung sahen wir unter Reserpin eine zwar nicht signifikante, jedoch verkürzte Ausbildungsdauer. Analoge Tendenzen gab es auch bei der unbedingten Fluchtreaktion. Das könnte für eine Stimulierung bestimmter subcortikaler Abschnitte sprechen, wie sie z. B. auch elektrophysiologisch von Gangloff und Monier [9], [10] nachgewiesen wurden. Ob diese Stimulierung eine positive Induktion subcortikaler Anteile durch den Cortex oder eine direkte bzw. indirekte medikamentöse Wirkung ist, können wir mit unserer Methode nicht klären.

Ungeklärt müssen wir auch die Frage lassen, die den Wirkungsmechanismus des Reserpin auf vegetative Zentren betrifft.

Wir beobachteten diesbezüglich bei unseren Tieren und mit unserer Dosierung nur das Auftreten von Miosis, das Hervortreten der Nickhaut und leichte Darmstörungen. Entgegen den Resultaten anderer Autoren [2], [5], [22], die mit weit höheren Dosen als wir arbeiteten, konnten wir eine Temperaturbeeinflussung, eine Gewichtsabnahme und eine Beeinträchtigung der Nahrungsaufnahme nicht feststellen.

Anschrift des Verfassers: Dr. KARL HECHT Berlin-Buch, Wiltbergstraße 50.

Literatur

[1] BARRACLOUGH, CH. A.: Federat. Proc. **14**, 9 (1955).
[2] BEIN, H. J., F. GROSS, J. TRIPOD u. R. MEIER: Schweiz. med. Wschr. **42**, 1007 (1953).
[3] BEIN, H. J.: Pharmakolog. Rev. **8**, 435 (1956).
[4] BEIN, H. J. u. F. GROSS: Verhandlungen der Deutschen Gesellschaft für Kreislaufforschung 19. Tagung, S. 277 (1953).
[5] BEIN, H. J.: Experientia (Basel) **9**, 107 (1953).
[6] BEIN, H. J.: Annales of the New York Academy of Sciences **61**, 4 (1955).
[7] EHRLICH, V., K. FRANKOVA u. L. SLÉGER: Arch. int. pharmacodyn. **115**, 373 (1958).
[8] FLÜGEL, F. u. D. BENTE: Dtsch. Med. Wschr. **81**, 2071 (1956).
[9] GANGLOFF, H. u. M. MONNIER: Experientia (Basel) **11**, 404 (1955).
[10] GANGLOFF, H. u. M. MONNIER: Helvet. physiol. Acta **13**, 15 (1955).
[11] GLIEDMANN, L. H. u. H. W. GANTT: Southern Medical Journal **49**, 880 (1956).
[12] HARING, C., K. HECHT u. G. MISGELD: Acta biol. med. germ. **1**, 674 (1958).
[13] HECHT, K.: Dissertation 1956 doklady akademii nauk SSSR **113**, 1383 (1957); Pflügers Archiv ges. Physiol Menschen Tiere **266**, 67 (1957).
[14] HECHT, K. u. F. BIELECKE: Acta biol. med. germ. **4**, 71 (1959).
[15] HECHT, K. u. G. MISGELD: Acta biol. med. germ. **1**, 586 (1958).
[16] HECHT, K. u. G. MISGELD: Acta biol. med. germ. **2**, 144 (1958).
[17] HORISBERGER, B. u. E. GRANDJEAN: Helv. Physiol. Acta **16**, 146 (1958).
[18] KLUPP, H. u. W. KIESER: Arch. exp. Path. Pharm. **236**, 97 (1959).
[19] KNOLL, B. u. J. KNOLL: Acta Physiolog. Hung. **12**, 26 (1958).
[20] KNOLL, J.: Arch. exp. Path. Pharm. **236**, 92 (1959).
[21] KRONEBERG, G. u. H. J. SCHÜMANN: Arch. exp. Path. Pharm. **232**, 278 (1957).
[22] LEUSCHNER, F.: Arch. exp. Path. Pharm. **232**, 285 (1957).
[23] MISGELD, G. u. K. HECHT: Arch. exp. Path. Pharm. **236**, 95 (1959).
[24] MONROE, R. R., R. G. HEATH, W. A. MICKLE u. W. MILLER: Annals New York Academy of Sciences **61**, 56 (1955).
[25] RINALDI, F. u. H. E. HIMWICH: Annals New York Academy of Sciences **61**, 27 (1955).
[26] SAILER, S. u. CH. STUMPF: Arch. exp. Pathol. Pharmakol. **230**, 378 (1957).
[27] SAPIR, STROUN, HEPNER, REVERCHON u. SELZER: Erste Arbeitstagung über Zentr. Regulat. Volk u. Ges. S. 275 (1956).
[28] SCHNEIDER, J. u. E. PLUMMER: Annals New York Academy of Sciences **61**, 17 (1955).
[29] SCHNEIDER, J. A.: Amer. J. Physiol. **184**, 49 (1958).
[30] SCHNEIDER, J. A. u. H. R. MOORE: Amer. J. Physiol. **181**, 64 (1955).
[31] SMITH, R. P. u. R. WAGMANN: J. of Pharmacol. **117**, 136 (1956).
[32] STERESCU-VOLANSKI, M., R. FLORU, I. POPESCU u. H. HERTEANU Fiziologia Bukarest **5**, 429 (1957).

[33] Weber, E.: Grundriß der biolog. Statistik, Jena (1957).
[34] Weiskrantz, L. u. W. A. Wilson: Annals of the New York Academy of Sciences **61**, 37 (1955).
[35] Weiskrantz, L. u. W. A. Wilson: Science **123**, 1116 (1956).
[36] Westermann, E.: Arch. exp. Pathol. Pharmakol. **232**, 282 (1957).

Summary

In the present paper the influence of a small dosis (0,1 mg/kg) of reserpine on the formation and course of conditioned reactions of the Irst and IInd order is reported. With the dosage applied to young rats a statistically significant only inhibitory influence on the course of different conditioned reactions was obtained.

The average duration of formation of conditioned reactions of the IInd order under 0,1 mg/kg of reserpine was statistically significantly prolongued as compared to the control animals, while the duration of formation of conditioned reactions of the Irst order was either not influenced or somewhat shortened.

A comparison of the effects of reserpine and chlopromazin on the various conditioned reflectory criteria of the food method shows a controversal behavior of either substance.

On the basis of the results an inhibitory effect of reserpine on the cortex is assumed; an effect of the drug on other parts of the CNS cannot be excluded.

Резюме

Сообщается о влиянии маленькой дозы (0,1 мг/кг) резерпина на образование и ход условных реакций 1-ого и II-ого порядка.

С этой дозой было на молодых крысах статистически доказано только тормозящее влияние на ход различных условных реакций.

Среднее время образования условных реакций II-го порядка под влиянием 0,1 мг/кг резерпина сигнификантно удлинено по сравнению с контролями, в то время как время образования условных рефлексов I-ого прорядка или не было изменено или немного укорачивалось.

Противопоставление действия резерпина и хлорпромацина на различные условно-рефлекторные критерии метода кормления показывает протовоположное поведение обоих веществ.

На основании этих результатов предполагается кортикальное торможение резерпина, причём как местодействия этого лекарства нельзя исключить и другие области центральной нервной системы.

Acta biol. med. germ., Band 4, Seite 151—158 (1960)

Aus dem Institut für Kortiko-Viszerale Pathologie und Therapie der Deutschen Akademie der Wissenschaften zu Berlin (Direktor: Prof. Dr. med. R. BAUMANN)

Der altersabhängige Einfluß von Reserpin (0,1 mg/kg) auf den Ablauf bedingter Reaktionen I. und II. Ordnung an Ratten

K. HECHT

(Eingegangen am 29. 9. 1959)

Zusammenfassung

In der vorliegenden Arbeit wird über unterschiedliche, vom Alter abhängige Ergebnisse, die mit einer Dosis von 0,1 mg/kg Reserpin und durch Untersuchungen mit einer bedingtreflektorischen motorischen Nahrungsmethode an 5—6 Monate und 13—14 Monate alten Ratten gewonnen wurden, berichtet. Während bei den 5—6 Monate alten Tieren die bedingten Reaktionen I. und II. Ordnung durch Reserpin gehemmt werden, hat die gleiche Dosis unter gleichen Bedingungen bei 12—14 Monate alten Ratten keine effektive Wirkung auf die bedingtreflektorischen Vorgänge.

Es wird vermutet, daß dieses Ausbleiben der Reserpinwirkung in altersbedingten Veränderungen der Nervenprozesse im Sinne der Biomorphose zu suchen ist. Eine Prüfung der Beziehungen zwischen Alter und Gewicht bei Tieren unseres Eigenstammes ergab bis zum 6. Lebensmonat eine positive Korrelation ($r = 0{,}955$). Vom 6.—14. Lebensmonat konnte keine Korrelation zwischen Gewicht und Alter beobachtet werden ($r = 0{,}000$).

Die vorliegenden Ergebnisse bestätigen erneut, daß der Ausbau und die Entwicklung der insbesondere von BÜRGER geforderten biorheutischen Pharmakologie notwendig ist.

Der praktischen und klinischen Medizin ist seit langem bekannt, daß die Applikation bestimmter Medikamente unter Verwendung der gleichen Dosis pro kg Körpergewicht bei Kindern und Greisen andere Reaktionen hervorruft, als bei Menschen im mittleren Lebensalter. So kennt man z. B. die empfindlichere Reaktionsweise der Kinder gegen Opiate und die der Greise gegen Purgativa und Emetica. Eine gewisse Unempfindlichkeit zeigen Kinder gegen Chloralhydrat, Luminal, Atropin usw. M. BÜRGER [5]—[7] machte für solche altersbedingten unterschiedlichen Reaktionen, die während des Ablaufes eines Lebens vor sich gehenden, ständigen Veränderungen des Organismus, bezüglich der chemischen Zusammensetzung, des morphologischen Aufbaus und der funktionellen Prozesse, verantwortlich, welche er in dem Begriff der Biomorphose zusammenfaßte. Der junge Organismus hat demnach eine andere chemische und morphologische Zusammensetzung und andere Funktionsabläufe als ein älterer oder alter. Im Zusammenhang damit bemerkt M. Bürger [6], daß die Wirkung pharmakologischer Mittel in Abhängigkeit vom Alter experimentell nur selten bearbeitet wird. ,,Eine Umfrage bei allen deutschen pharmazeutischen Fabriken hat ergeben, daß für eine biorheutische Pharmakologie bisher nur wenig greifbare Daten vorliegen'' [6]. Bei der Durchsicht des einschlägigen internationalen Schrifttums der letzten Jahre konnten wir eine analoge Feststellung machen. In den von uns herangezogenen Arbeiten, denen Experimente an Ratten zugrunde liegen, fehlte größtenteils eine Altersangabe. Lediglich in einigen Fällen wurde das Alter allgemein charakterisiert wie ,,junge Ratten'', ,,geschlechtsreife Tiere'' oder ,,erwachsene Ratten''.

Diese augenscheinliche Lücke in der Forschung veranlaßte uns, mit einer kleinen Dosis (0,1 mg/kg) Reserpin, die bei jungen, ausgewachsenen (5—6 Monate alten) Tieren einen hemmenden Effekt auf die bedingtreflektorische Tätigkeit hervorrief [15], den Einfluß auf den Ablauf verschiedener bedingter Reaktionen an älteren (12—14 Monate alten) Tieren zu untersuchen.

Methodik

Die Untersuchungen wurden an insgesamt 55, 180—250 g schweren Albinoratten beiderlei Geschlechts unseres gemischten Eigenzuchtstammes, von denen 35, 12 bis 14 Monate und 20, 5—6 Monate alt waren, mit einer bedingtreflektorischen motorischen Nahrungsmethode durchgeführt. Die Versuchstiere erhielten für die Dauer von 2 Wochen täglich, eine Stunde vor Versuchsbeginn, 0,1 mg/kg Körpergewicht Reserpin in einer 2%igen Lösung subcutan injiziert. Den Kontrolltieren wurden analoge Mengen physiologischer Kochsalzlösung appliziert.

Die bei diesen Versuchen verwendete Methodik wurde bereits in früheren Arbeiten ausführlich beschrieben [14], [15], [16], [21], worauf wir bezüglich weiterer Einzelheiten verweisen möchten.

Ergebnisse

In der Abb. 1 finden wir eine Gegenüberstellung der Latenzzeiten und der Hemmungs-Erregungs-Quoten jeder bedingten Reaktion in einander entsprechenden Versuchswochen unter Kontrollbedingungen (Kollektivergebnisse von 10 Tieren) und unter 0,1 mg/kg Körpergewicht Reserpin (Kollektivergebnisse von 10 Tieren) bei 12—13 Monate alten Tieren.

Bei keinem der bedingtreflektorischen Kriterien konnte während der zwei Wochen dauernden, täglich einmal erfolgten Applikation des Medikaments eine statistisch gesicherte Veränderung festgestellt werden, d. h., die älteren Tiere verhielten sich gegenüber der von uns verwendeten Dosis Reserpin resistent. Dagegen wurde bei den zeitlich parallel laufenden Versuchen mit den zum Vergleich herangezogenen 5—6 Monate alten Tieren (10 Versuchstiere und 10 Kontrolltiere) wieder ein statistisch signifikanter hemmender Effekt auf die bedingtreflektorische Tätigkeit durch Reserpin (0,1 mg/kg) hervorgerufen, der auch nach Absetzen des Pharmakons noch anhielt (Abb. 2).

Für die beiden Versuchsgruppen verwendeten wir die gleichen Injektionslösungen. Die Versuchsbedingungen waren ebenfalls die gleichen. Wir

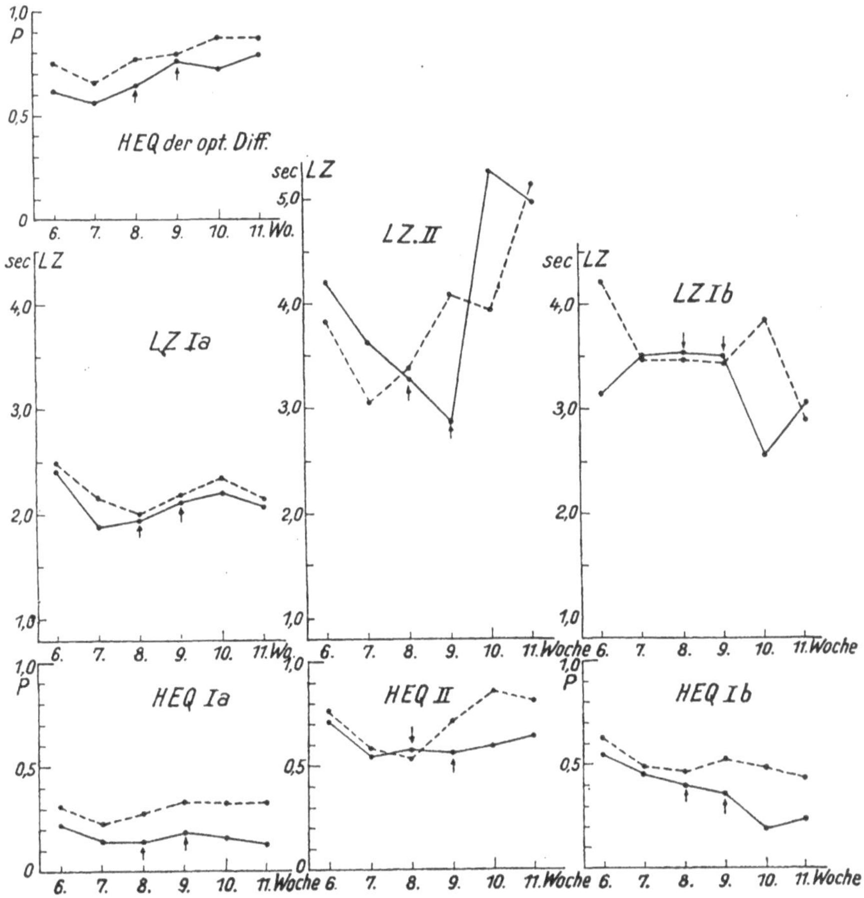

Abb. 1. Wochenmittelwerte verschiedener bedingter motorischer Nahrungsreaktionen von 12—13 Monate alten Tieren unter 0,1 mg/kg Reserpin (————) und unter Kontrollbedingungen (- - - - -), ↑ = tägl. Injekt. von 0,1 mg/kg Reserpin, LZ = Latenzzeiten, HEQ = Hemmungs-Erregungs-Quoten, Ia = bekräftigte bedingte Reaktion I. Ordnung, Ib = unbekräftigte bedingte Reaktion I. Ordnung, II = bedingte Reaktion II. Ordnung

arbeiteten bei den jüngeren Tieren lediglich mit einem 3 Wochen länger geübten Stereotyp, was aber für die Ergebnisse unbedeutend ist, wie uns vorangegangene Untersuchungen zeigten [15].

Bei der Wiederholung der Versuche mit 13—14 Monate alten Tieren (10 Versuchstiere und 5 Kontrolltiere) durch einen anderen Experimentator zu einer anderen Jahreszeit und mit einem einfacheren Stereotyp erhielten wir im Prinzip die gleichen Ergebnisse, wie bei den 12—13 Monate alten Tieren, also keinen Effekt durch das Reserpin.

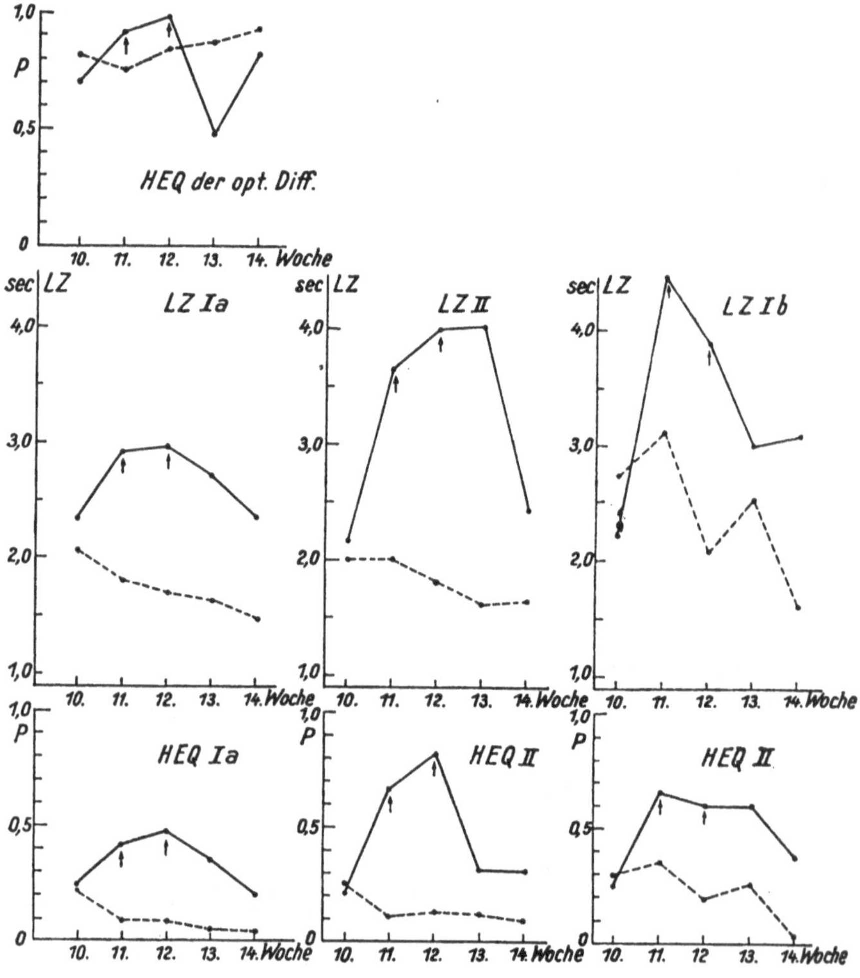

Abb. 2. Wochenmittelwerte verschiedener bedingter motorischer Nahrungsreaktionen von 5—6 Monate alten Tieren unter 0,1 mg/kg Reserpin (————) und unter Kontrollbedingungen (– – – – –), Zeichenerklärung wie Abb. 1

Diskussion

Die vorliegenden Ergebnisse zeigen eindeutig einen altersbedingten Unterschied in der Beeinflussung der bedingtreflektorischen Tätigkeit von Ratten durch das Medikament. Während bei den 5—6 Monate alten

Tieren die bedingten Reaktionen I. und II. Ordnung durch Reserpin gehemmt werden und die Differenzierungshemmung eine Verstärkung erfährt, hat die gleiche Dosis unter gleichen Bedingungen bei 12—14 Monate alten Ratten keine effektive Wirkung auf die bedingtreflektorischen Vorgänge.

Analoge Ergebnisse erzielte auch FALCK [10] mit Strychnin an Mäusen. Junge Tiere zeigten sich Strychnin gegenüber empfindlicher als ältere. Bei Untersuchungen von WORATZ und HAASE [28] mit 0,00125 Pyrexal/kg Körpergewicht reagierten weibliche Personen am Ende des 2. Lebensjahrzehnts mit deutlich starken Fieberreaktionen, dagegen war bei älteren Probanten eine solche Reaktion nicht mehr nachweisbar. Eine Ausnahme machten nochmals die Frauen im Postklimakterium (50.—60. Lebensjahr). Andererseits liegen uns Arbeiten [4], [9], [13], [25] vor, die über eine Resistenz junger Versuchstiere verschiedenen chemischen Stoffen gegenüber berichten.

Untersuchungen der bedingtreflektorischen Tätigkeit an Hunden durch PAWLOW [24], ANDREJEW [2], MICHELSON [20] und TONKICH [27] ergaben bei alten Tieren ein Nachlassen der bedingten Reaktionen. V. K. FJODOROW [11] fand, daß positive bedingtreflektorische motorische Nahrungsreaktionen der Mäuse vom 12.—20. Lebensmonat eine langsame und vom 20. Lebensmonat an eine schnellere Abschwächung erfahren. Alle Autoren begründen diese Erscheinung mit einer Verringerung der Erregbarkeit der Großhirnrinde im Alter. ALPERN [1] führt die im Alter schwächer auftretenden entzündlichen Reaktionen ebenfalls auf eine herabgesetzte Erregbarkeit des ZNS zurück.

Die Betrachtung unserer eigenen Ergebnisse unter diesem Gesichtspunkt zeigt, daß die Latenzzeiten und die Hemmungs-Erregungs-Quoten der unbekräftigten Reaktion I. Ordnung (I b) und der bedingten Reaktion II. Ordnung (II) bei den 12—13 Monate alten Tieren höher liegen als bei den 5—6 Monate alten Tieren, während die bekräftigten bedingten Reaktionen I. Ordnung (I a) nicht verändert sind. Bei den 13—14 Monate alten Tieren sahen wir auch bei den Latenzzeiten und Hemmungs-Erregungs-Quoten der bekräftigten Reaktion I. Ordnung höhere Werte. Damit können wir die Ergebnisse der PAWLOWschen Schule auch für Ratten bestätigen. Es erhebt sich nun die Frage nach der Ursache der von uns beobachteten unterschiedlichen Wirkungsweise von 0,1 mg/kg Reserpin bei Ratten verschiedenen Alters. In letzter Zeit vertreten eine Reihe von Autoren [3], [17], [23], [26] eine indirekte Wirkung des Reserpins durch Veränderungen intermediärer Stoffwechsel-Vorgänge im ZNS. Man könnte demnach vermuten, daß im Sinne der Biomorphose die Stoffwechselvorgänge im ZNS bei älteren Tieren anders ablaufen als bei jungen Tieren und einen Eingriff des Reserpins in diese dynamischen Vorgänge verhindern.

Neben veränderten chemischen Vorgängen im älteren Organismus können auch Kapillarveränderungen [6] oder Beeinträchtigungen der osmotischen Vorgänge [6] dafür verantwortlich gemacht werden. Das zu klären, muß weiteren Untersuchungen, besonders unter biochemischem Aspekt, vorbehalten werden.

Inwieweit unsere Ergebnisse von einer altersbedingten Leistungsverminderung der höheren Nerventätigkeit infolge herabgesetzter Erregbarkeit [2], [11], [20], [24], [27] abhängen können, muß ebenfalls noch geklärt werden. Es ist aber anzunehmen, daß dem Nachlassen der bedingten Reaktionen und der von uns beobachteten ausfallenden Reserpinwirkung bei alten Tieren die gleichen Prozesse im ZNS zugrunde liegen.

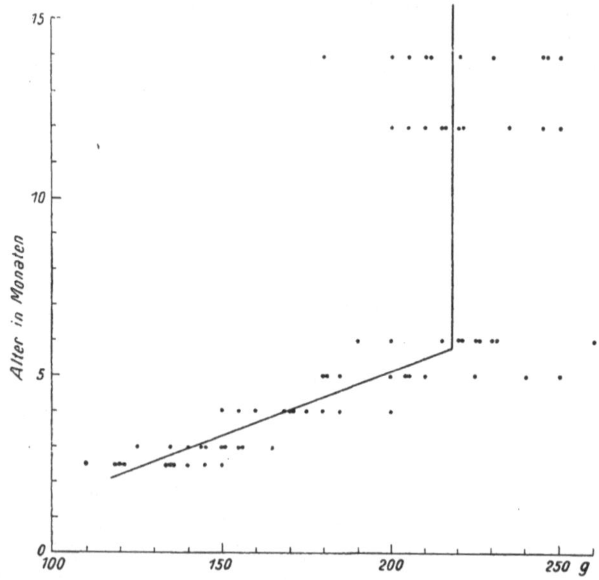

Abb. 3. Korrelation zwischen Alter und Körpergewicht der Tiere. Die Korrelation wurde getrennt für ein Alter von $2^1/_2$—6 Monaten und 6—14 Monaten untersucht. Die entsprechenden Regressionsgeraden für das Körpergewicht in Abhängigkeit vom Alter sind für beide Gruppen eingezeichnet

Manche Autoren, die mit Labortieren experimentieren, glauben, durch die Angabe des Körpergewichts gleichzeitig auch das Alter der Tiere zum Ausdruck bringen zu können. Ob ein solches Vorgehen berechtigt ist, sollte die Prüfung der Beziehung zwischen Alter und Gewicht bei Tieren unseres Eigenstammes beurteilen. Wie die Abb. 3 zeigt, gibt es bis zum 6. Lebensmonat eine straffe positive Korrelation ($r = 0{,}955$). Vom 6.—14. Lebensmonat konnten wir keine Korrelation beobachten ($r = 0{,}000$), d. h., zwischen dem 5. und 6. Lebensmonat erreichen die Tiere unseres Stammes ihr endliches Gewicht. Von diesem Zeitpunkt an kann man keine Aussage mehr machen, ob das Tier 6 oder 14 Monate alt ist, wenn man allein das Gewicht kennt. Da durch Untersuchungen von LAT [18], [19] bekannt wurde, daß das Wachstum der Ratten von der individuellen Erregbarkeit abhängig ist, empfiehlt es sich, bei einer Altersbeurteilung vom Gewicht her möglichst Zurückhaltung zu üben.

Eine genaue Altersangabe, wie sie in den pharmakologischen Lehrbüchern [8], [12], [22] gefordert wird, halten wir jedoch für die beste Lösung. Die Voraussetzung dafür ist entweder eine gut organisierte institutseigene oder besser noch eine zentral eingerichtete, staatlich kontrollierte Versuchstierzucht.

Auf Grund der vorliegenden Ergebnisse konnten wir erneut die Bestätigung erbringen, daß der Ausbau und die Entwicklung der insbesondere von BÜRGER [6] geforderten, biorheutischen Pharmakologie notwendig ist.

Literatur

[1] ALPERN, D. JE: Pathologische Physiologie, S. 247. Berlin 1959: VEB Verlag Volk und Gesundheit.

[2] ANDREJEW, L. A., zitiert bei FJODOROW: PAWLOW-Zeitschrift für höhere Nerventätigkeit **4**, 326 (1954).

[3] BRODIE, B. B., A. PLETSCHER und P. A. SHORE: Science **122**, 968 (1955).

[4] BRÜCKMANN, G.: Endocrinology (Amer.) **41**, 201 (1947).

[5] BÜRGER, M.: Einführung in die Pathologische Physiologie S. 622. Leipzig 1956: VEB Georg Thieme.

[6] BÜRGER, M.: Altern und Krankheit S. 638. Leipzig 1957: VEB Georg Thieme.

[7] BÜRGER, M.: Geschlecht und Krankheit, S. 22. München 1958: J. F. Lehmanns Verlag.

[8] EICHHOLTZ, F.: Lehrbuch der Pharmakologie, S. 15. Berlin/Göttingen/Heidelberg 1951: Springer-Verlag.

[9] ELBEL, H. und F. SCHLEYER: Der Blutalkohol, S. 60. Stuttgart 1956: Thieme-Verlag.

[10] FALCK, F. A.: Arch. ges. Physiol. **34**, 530 (1884).

[11] FJODOROW, VIKT. K.: PAWLOW-Zeitschrift für höhere Nerventätigkeit **4**, 326 (1954).

[12] GOODMANN, L. S. und A. GILMAN: The Pharmacological Basis of Therapeutics, S. 10. New York 1956: The Macmillan Company.

[13] GUGLIN, E. R. und G. V. DANIELEWITSCH: Fiziol. zurn. SSSR **42**, 383 (1956).

[14] HECHT, K. und G. MISGELD: Acta biol. med. germ. **1**, 586 (1958).

[15] HECHT, K., E. SCHEER, KL. TREPTOW und CHOINOWSKI: Acta biol. med. germ. (in Druck.)

[16] HECHT, K. und F. BIELECKE: Acta biol. med. germ. (in Druck.)

[17] HESS, S. M., P. A. SHORE und B. B. BRODIE: J. Pharmacol. exp. Ther. **118**, 84 (1956).

[18] LAT, J.: Dissertation Prag 1956.

[19] LAT, J.: Persönliche Mitteilung.

[20] MICHELSON, JA. M.: zitiert bei FJODOROW, V. K. PAWLOW-Zeitschrift für höhere Nerventätigkeit **4**, 326 (1954).

[21] MISGELD, G. und K. HECHT: Arch. exp. Pathol. Pharmakol. **236**, 95 (1959).

[22] MØLLER, K. O.: Pharmakologie, S. 29. Basel 1953: Benno Schwabe u. Co. Verlag.

[23] MUSCHOLL, E.: Klin. W. **37**, 217 (1959).

[24] Pawlow, I. P.: Sämtliche Werke, Bd. III, S. 304. Berlin 1954: Akademie-Verlag.
[25] Rothlin, E.: Pharm. Acta Helv. **22**, 418 (1947).
[26] Schaumann, W.: Arch. exp. Pathol. Pharmakol. **335**, 1 (1958).
[27] Tonkich, A. W.: zitiert bei Fjodorow, Pawlow-Zeitschrift für höhere Nerventätigkeit **4**, 326 (1954).
[28] Woratz und Haase, zitiert bei Bürger M.: Altern und Krankheit, S. 642, Leipzig 1956: VEB Georg Thieme.

Anschrift des Verfassers: Dr. K. Hecht, Berlin-Buch, Wiltbergstraße 50.

Summary

In the present paper experiments are communicated on rats 5—6 months old and 13—14 months old, which received 0,1 mg/kg reserpine and which were studied by the method of conditioned motoric food reactions. They showed variable results which depended on the age of the animals. While the conditioned reactions of the Irst and IInd order are inhibited by reserpine in the animals 5—6 months of age, the same dosis under identical conditions showed no effect on the conditioned reflexes in rats 12—14 months old.

It is supposed that the absence of reserpine effect is due to age dependent changes in the nerve processes in the sense of biomorphosis. An analysis of the relations between age and weight of the animals of our laboratory stock showed a positive relation up to the 6th month of age ($r = 0{,}955$). From the 6th—14th month of age no correlation could be observed between weight and age ($r = 0{,}000$).

The results here communicated confirm once more the need of the development of the biorheutic pharmacology as demanded particularly by Bürger.

Резюме

В данной работе сообщается о различных, от возраста зависящих результатах, полученных дозой резерпина в 0,1 мг/кг и в исследованиях с условно-рефлекторными двигательными пищевыми рефлексами на 5—6ти месячных и 13—14 ти месячных крысах. В то время как у 5—6 ти месячных крыс тормозятся условные реакции первого и второго порядка, та же самая доза у 12—14 ти месячных крыс не оказывала эффективного действия на условно-рефлекторные функции.

Предполагается, что отсутствие действия резерпина появляется вследствии возрастом обусловленных изменений нервных процессов в смысле биоморфозы. Изучение зависимости между возрастом и весом животных нашего собственного штамма дало до 6-го месяца положительную корреляцию ($r = 0{,}955$). От 6-ого до 14-го месяца не наблюдалась никакая корреляция между весом и возрастом животных ($r = 0{,}000$).

Эти результаты показывают, что необходимо создание и развитие в особенности Бюргером требоваемой биорейтической фармакологии.

Acta biol. med. germ., Band 4, Seite 159—165 (1960)

Aus dem Pathologischen Institut der Humboldt-Universität Berlin, dem Rudolf-Virchow-Haus der Charité (Direktor: Prof. Dr. L. H. KETTLER) und dem Laboratorium für Elektronenmikroskopie der Charité

Zur Mitochondriengröße in den Lebern von Hungermäusen

(Mikroskopische und submikroskopische Untersuchungen)

HEINZ DAVID

(Eingegangen am 26. 9. 1959)

Zusammenfassung

Lichtmikroskopische und elektronenmikroskopische statistische Untersuchungen über die Veränderungen der Mitochondriengröße in Lebern von Hungermäusen ergaben einen erheblichen Anstieg des Mitochondrienvolumens von 0,80 μ^3 bei Normaltieren auf 2,17 μ^3 bei Hungertieren. Im Lichtmikroskop zeigte sich ein Anstieg der Zahl der Mitochondriengroßformen von 3,7% auf 20,1%. Entgegen den Angaben der Literatur konnte eine vollständige Abrundung der Mitochondrien während einer Hungerzeit bis zu 96 Stunden nicht beobachtet werden. Die möglichen Ursachen hierfür werden diskutiert. Die Innenmembranen der Mitochondrien zeigen keine eindeutigen Veränderungen, die Mitochondrienmatrix wird heller und aufgelockerter. Die erhobenen Befunde werden als nicht spezifisch für den Hungerzustand angesehen und als Zeichen einer unspezifischen reversiblen Cytoplasmaschädigung gedeutet.

Durch lichtoptische Untersuchungen sind die Veränderungen der Mitochondriengröße und -form in den Lebern von Hungertieren schon seit langer Zeit bekannt. Sie zeigten im allgemeinen das Ergebnis, daß die Mitochondrien sich vergrößern, vakuolisieren und von der fädigen zur runden Form transformieren (CESA-BIANCHI [4]; BERG [2]; ANITSCHKOW [1]; NOËL [18]; OKUNEFF [20]; NOLL [19]; TAKAGI [27]; MCCURDY [17]; LÜHRS [16]; SIBATANI [25]; SIBATIANI und FUKUDA [26]; TUZET, SANCHEZ und AVIGNON [28]; KETTLER [14]; HIRSCH [12] u. a.). An den Lebern von hungernden Hühnchen sah DALTON [5] keine Veränderungen der Mitochondrien.

Bei unseren Untersuchungen stellten wir uns das Ziel, die statistische Verteilung der Mitochondriengröße und -form auf licht- und elektronenmikroskopische Weise zu ermitteln und zugleich zu erfassen, inwieweit eine Abrundung der Mitochondrien im Hunger vonstatten geht.

Methode

1. Lichtmikroskopie: Bei normalen und 72 Stunden hungernden weißen Mäusen wurden 2500 bzw. 9000 Mitochondrien mit dem Okularmikrometer bei 1500facher Vergrößerung ausgemessen. Fixierung nach REGAUD, Färbung nach ALTMANN

und HEIDENHAIN sowie HE, HS und PAS. Sämtliche statistischen Reihenvergleiche erfolgten nach dem t-Test. Der σ-Wert wurde nach folgender Formel berechnet:

$$\sigma = \sqrt{\frac{\Sigma x_i^2 - \frac{(\Sigma x_i)^2}{N}}{N-1}}$$

Σx_i^2 = Summierte Einzelquadrate der Zahlen
$(\Sigma x_i)^2$ = Summe der Einzelglieder zum Quadrat
N = Anzahl der Einzelglieder.

2. Elektronenmikroskopie[1]. Zur Untersuchung gelangten die Lebern normaler und 96 Std. hungernder Mäuse. Die Fixierung erfolgte nach PALADE (mod.), Einbettung in Methacrylatgemisch, Polymerisation 48 h bei 60°. Herstellung der Ultradünnschnitte mit dem Ultramikrotom nach SJÖSTRAND (LKB-Produkter-Stockholm). Plattenaufnahmen bei 6000facher Originalvergrößerung mit dem elektrostatischen Elektronenmikroskop Typ Elmi C der Firma VEB Carl Zeiß, Jena. Bei einer Nachvergrößerung von 1:20000 wurden 1543 Mitochondrien von Normaltieren und 2088 von hungernden Tieren ausgemessen. Das Volumen wurde nach der Kugel- bzw. Rotationsellipsoidformel berechnet. Zur Festlegung der Form der Mitochondrien wurde das Verhältnis von Breite zu Länge bestimmt, wobei der Wert 1,0 die Kugelform angibt.

Ergebnisse

1. Lichtmikroskopische Messungen der Mitochondrien lassen nur annähernde Bestimmungen zu, da die Fehlermöglichkeiten auf Grund der geringen Auflösung sehr groß sind. Wir haben deshalb die Mitochondrien nur in 4 Größenklassen eingeteilt (berechnet nach größtem elliptischem Durchmesser) und den prozentualen Anteil in den einzelnen Gruppen ermittelt: Gruppe I 0,5—1,0 μ, Gruppe II 1,0—1,5 μ, Gruppe III 1,5—2,0 μ, Gruppe IV über 2,0 μ. Bei den Normaltieren fanden wir in Gr. I 50,2% der Mitochondrien, in Gr. II 35,9%, in Gr. III 10,2% und in Gr. IV 3,7%. Die Hungertiere boten ein wesentlich anderes Bild. Nur 13,8% der Mitochondrien gehörten zu Gr. I, zu Gr. II 30,9%, zu Gr. III 35,2% und zu Gr. IV 20,1% (Abb. 1). Wenn das Cytoplasma eine starke Verfettung aufwies, sank die Zahl der Mitochondriengroßformen deutlich herab. Der mittlere Durchmesser bei den Normaltieren betrug 1,08 μ ($\sigma = \pm$ 0,24 μ) bei den Hungertieren 1,55 μ ($\sigma = \pm$ 0,15 μ). Der Unterschied war signifikant.

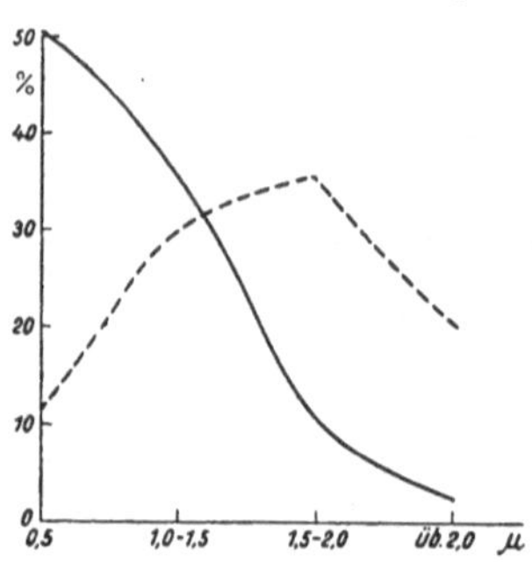

Abb. 1. Lichtmikroskopische Bestimmung der Verteilung der Mitochondriengröße (Durchmesser in μ) bei Normaltieren ———— und bei Hungertieren - - - - - - - -

[1] Die elektronenmikroskopischen Untersuchungen wurden aus den Mitteln eines Forschungsauftrages des Staatssekretariats für Hochschulwesen der DDR finanziert.

2a. Das elektronenmikroskopische Bild der Mitochondrien nach 4tägigem Hunger und im Normalzustand ergibt grundsätzlich keinen verschiedenen Aufbau. Sie sind aus einer doppeltkonturierten Außenmembran und cristae mitochondrales aufgebaut, die ungleichmäßig weit in die Mitochondrienmatrix hineinragen (Abb. 2 u. 3). Diese Matrix erscheint bei den Hungertieren heller und aufgelockerter; eindeutige Verkürzungen der Innenmembranen der Mitochondrien konnten wir nicht feststellen. Das durchschnittliche Mitochondrienvolumen betrug

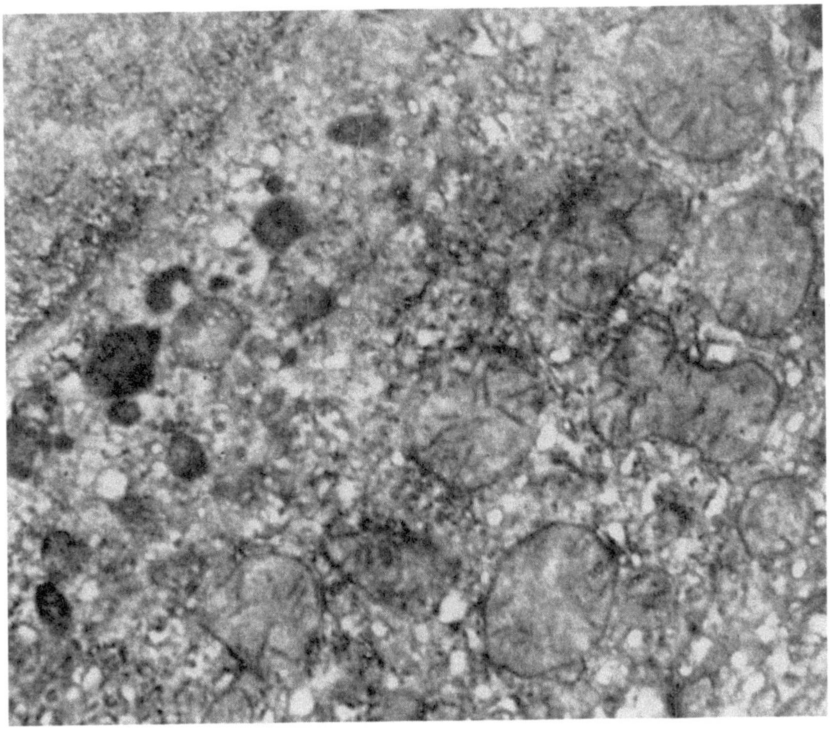

Abb. 2. Mitochondriengruppe in Kernnähe (links oben) in der Leber einer normalen Maus. Unregelmäßig angeordnete Innenmembranen der Mitochondrien. Dicht neben dem Kern Ansammlung von Pigmentgranula.
Ges. Vergr.: 24000mal

bei den Normaltieren 0,80 μ^3, bei den Hungertieren 2,17 μ^3. Auf Grund der großen Schwankungen ließ sich der σ-Wert nicht ermitteln. Die Übersicht auf Abb. 4 zeigt, daß der größte Teil der Mitochondrien von Normaltieren Volumina von 0,1 bis 0,9 (bis 2,0) μ^3 aufweist, und daß es danach zu einem rapiden Abfall der Zahl kommt. Hungertiere haben sehr viel weniger Mitochondrien mit Volumina unter 0,9 μ^3. Der größte Teil der Mitochondrien hat eine Größe zwischen 1 und 2 μ^3, besonders jedoch enthalten alle höheren Größenklassen doppelt so viel Mitochondrien wie die der Normaltiere. Ein erneuter Gipfel ergibt sich bei einer Mitochondriengröße von über 10 μ^3. Der Unterschied zwischen beiden Reihen ist signifikant.

2b. Da von früheren Bearbeitern des Themas übereinstimmend angegeben wurde, daß die Mitochondrien sich im Hunger abrunden sollen, haben wir das Verhältnis von Breite zu Länge bei den Mitochondrien bestimmt, wobei ein Anstieg der Werte eine Abrundung bedeutet. Wie

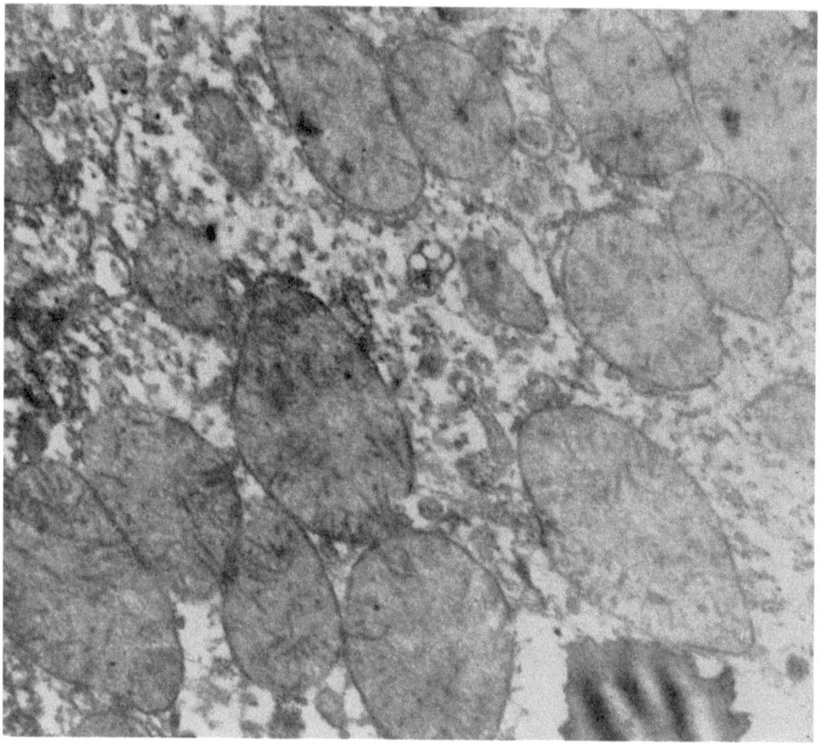

Abb. 3. Mitochondriengruppe in der Leber einer hungernden Maus mit unveränderten Innenmembranen. Rechts unten ein größerer Fetttropfen. Ges. Vergr.: 24000mal

Abb. 5 zeigt, ist der grundsätzliche Ablauf der Kurven bei beiden Tierarten der gleiche. Das Maximum liegt bei beiden zwischen 0,6 und 0,9. Kugelförmige Mitochondrien finden sich sogar bei Normaltieren (mit 10,0%) mehr als bei Hungertieren (7,3%). Der Durchschnittswert beträgt bei Normaltieren 0,70 ($\sigma = \pm$ 0,21) und bei Hungertieren 0,72 ($\sigma = \pm$ 0,17). Der Unterschied ist statistisch nicht gesichert. Bei diesem Ergebnis muß eine Fehlerquelle erwähnt werden. Bei der geringen Schnittdicke ist es wahrscheinlich, daß ein Teil der runden und ovaloiden Mitochondrien — besonders bei den sehr kleinen Formen — in Wirklichkeit fadenförmige Mitochondrien sein könnten. Bei den großen Formen ist dieser Fehler wesentlich geringer, so daß deshalb doch eine gewisse Abrundung der Mitochondrien als wahrscheinlich angesehen werden muß. Eine statistische Berechnung ist jedoch bei der Unbestimmbarkeit der wirklichen Schnittdicke und ihren erheblichen Schwankungen nicht möglich.

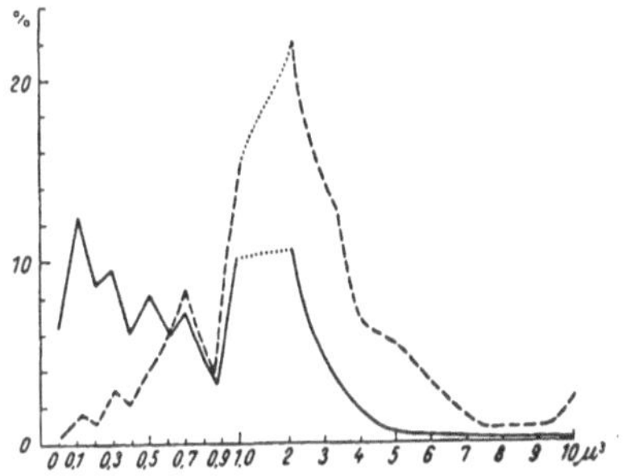

Abb. 4. Prozentuale Verteilung der Mitochondrienvolumina bei Normaltieren ——— und bei Hungertieren - - - - - -

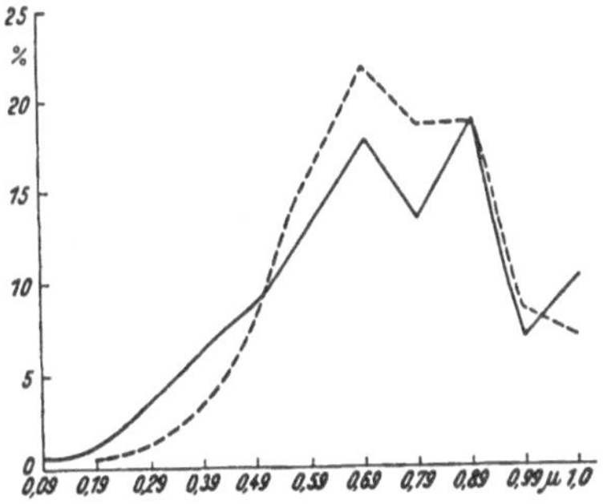

Abb. 5. Prozentuale Verteilung des Verhältnisses von Breite zu Länge der Mitochondrien bei Normaltieren ——— und bei Hungertieren - - - - -

Diskussion

Die bisherigen elektronenmikroskopischen Untersuchungen über die Mitochondrienveränderungen im Hunger stehen in Übereinstimmung mit den oben erwähnten lichtmikroskopischen Befunden. FAWCETT [8] fand die Mitochondrien in Hungerlebern sphärischer als bei Normaltieren, meint jedoch, daß diese Veränderungen eher Formverschiebungen als Volumenvergrößerungen bedeuten. Innenmembranen waren weder in Größe noch an Zahl verändert. BERNHARD und ROUILLER [3] sahen nach 5 Hungertagen alle Mitochondrien der Rattenleber geschwollen. Nach GANSLER und ROUILLER [9] steigt der Mitochondriendurchmesser von 0,68 μ bei Normaltieren auf 1,06 μ bei Hungerratten. Die Mitochondrienmatrix verschwindet, die Innenmembranen sind kurz. Ebenfalls eine Anschwellung der Mitochondrien in der Hungerleber und eine Verminderung ihrer Innenmembranen beobachtete ROUILLER [22]. POLICARD und BAUD [21] führen in ihrem zusammenfassenden Werk „Les structures inframicroscopiques“ (1958) an, daß die Mitochondrien der Hungerleber geschwollen und die Innenmembranen verkürzt und verringert sind.

Die Befunde der Mitochondrienvergrößerung der Hungerleber können wir bestätigen. Es ist aber keinesfalls so, daß diese Veränderungen 100%ig sind, sondern es lassen sich Mitochondrien in verschiedenen Stadien der Vergrößerung und normale in gleicher Weise — jeweils als Ausdruck ihres Funktionszustandes (GIESEKING [10]) — ermitteln. So sind auch in Lebern von Normaltieren aneinandergrenzende Zellen zu erkennen, die ganz unterschiedliche Mitochondriengrößen aufweisen. Trotz dieser erheblichen Schwankungen beim Normaltier ist die Verschiebung zu den größeren Mitochondrien bei den Hungertieren eindeutig.

Dagegen haben wir bei der angewandten Methodik nicht feststellen können, daß es im Untersuchungszeitraum zu einer vollständigen Abrundung der Mitochondrien kommt; die reale Zahl der hochgradig fadenförmigen Mitochondrien ist bei den Hungertieren sicher vermindert, die übrigen Werte gleichen den Normaltieren. Die Mitochondrien bleiben ovaloid bei einer Vergrößerung der Durchmesser. Die Mitochondrieninnenstruktur ist ebenfalls nicht wesentlich verändert (Fawcett [8]; Gansler und Rouiller [9]; Rouiller [22]). Wir halten eine Wassereinlagerung für den entscheidenden Faktor bei der Mitochondrienvergrößerung. Wie weit dabei gleichzeitig Eiweißein- oder -umlagerungen (Kettler [14]) vor sich gehen, läßt sich mit der durchgeführten Methode nicht feststellen. Die Einlagerung von Flüssigkeit äußert sich lichtoptisch als trübe Schwellung und ist reversibel (Gansler und Rouiller [9]; Rouiller [22]). Verschmelzungen einzelner Mitochondrien (Gansler und Rouiller [9]), die bei der im Hunger eintretenden Verminderung der Gesamtzahl der Mitochondrien (David [6]) und der RNS-Substanzen (Lit. David [7]) vermutet werden könnten, haben wir nicht gesehen; das kann möglicherweise auf die unterschiedliche Versuchsdauer und die Versuchstierart zurückgeführt werden.

Die beobachteten Veränderungen der Mitochondrien sind als nicht spezifisch für den Hunger anzusehen. Sie finden sich bei Tumoren (Howatson und Ham [13]; Weissenfels [29] u. a.), nach Bestrahlung (Ryser, Aebi und Zuppinger [23]; Glauser [11]); nach Gaben von Cortison (Lowe, Mackinney und Sarkaria [15]) und Thyroxin (Schulz, Löw, Ernster und Sjöstrand [24]) sowie unter einer Vielzahl anderer Bedingungen und sind als Zeichen einer reversiblen Schädigung des Cytoplasmas zu werten.

Den med. techn. Assistentinnen Fr. I. Reinhardt und Frl. I. Uerlings danke ich für die Herstellung der Ultradünnschnitte und der elektronenmikroskopischen Aufnahmen.

Literatur

[1] Anitschkow, N.: Arch. mikr. Anat. 97, 1 (1923).
[2] Berg, W.: Arch. mikr. Anat. 94, 518 (1920).
[3] Bernhard, W. u. C. Rouiller: J. Biophys. Biochem. cytol. 2, suppl. 73 (1956).
[4] Cesa-Bianchi, D.: Frankf. Z. Path. 3, 723 (1909).
[5] Dalton, A. J.: Anat. Rec. 58, 321 (1934).
[6] David, H.: Virchows Arch. path. Anat. 330, 316 (1957).
[7] David, H.: Z. ges. Inn. Med. 14, 63 (1959).
[8] Fawcett, W.: J. Nat. Cancer Inst. 15, 1475 (1955).
[9] Gansler, H. u. C. Rouiller: Schweiz. Z. Path. Bakt. 19, 217 (1956).

[10] GIESEKING, R.: Mikroskopie 9, 186 (1954).
[11] GLAUSER, O.: Schweiz. Z. Path. Bakt. 19, 150 (1956).
[12] HIRSCH, G. CH.: Allgemeine Stoffwechselmorphologie des Cytoplasmas. In Handbuch der allg. Pathologie II, 1, S. 92. Berlin/Göttingen/Heidelberg 1955: Springer-Verlag.
[13] HOWATSON, A. F. u. A. W. HAM: Cancer Res. 15, 62 (1955).
[14] KETTLER, L. H.: Z. ges. Inn. Med. 10, 704 (1955).
[15] LOWE, CH. U., D. MACKINNEY u. D. SARKARIA: J. Biophys. Biochem. cytol. 1, 237 (1955).
[16] LÜHRS, W.: Z. ges. Inn. Med. 5, 1 (1950).
[17] MCCURDY, M. B. D.: J. Morphol. 64, 9 (1955).
[18] NOEL, R.: Arch. d'Anat. micr. 19, 1 (1923).
[19] NOLL, A.: Z. Zellforsch. 9, 281 (1929).
[20] OKUNEFF, N.: Arch. mikr. Anat. 97, 187 (1923).
[21] POLICARD, A. u. C. A. BAUD: Les structures inframicroscopiques normales et pathologiques des cellules et des tissus. Masson et Cie, Ed. Paris 1958.
[22] ROUILLER, C.: Ann. d'Anat. Path. N. S. 2, 548 (1957).
[23] RYSER, H., H. AEBI u. A. ZUPPINGER: Experientia 10, 304 (1954).
[24] SCHULZ, H., H. LÖW, L. ERNSTER u. F. S. SJÖSTRAND: Proceed. Stockholm Conf. Sept. 1956, 134.
[25] SIBATANI, A.: Cytologia 16, 58 (1950).
[26] SIBATANI, A. u. M. FUKUDA: Cytologie 19, 11 (1954).
[27] TAKAGI, S.: Nagoya J. med. Sci. 4, 38 (1929).
[28] TUZET, O., S. SANCHEZ u. J. AVIGNON: C. r. Soc. Biol. 149, 801 (1955).
[29] WEISSENFELS, N.: Strahlenther. Sdb. 37, 102 (1957).

Anschrift des Verf.: Dr. Heinz DAVID, Pathologisches Institut der Humboldt-Universität, Berlin N. 4, Schumannstr. 20/21.

Summary

Microscopical and electronmicroscopical statistical studies on the changes of mitochondrial size in liver of fasting mice revealed a marked volume increase of the mitochondria from 0,80 μ^3 in normal animals to 2,17 μ^3 in fasting animals. Under the ordinary microscope the number of the large-sized mitochondria increased from 3,7% to 20,1%. Contrary to the observations in the literature a complete rounding of the mitochondria during fasting up to 96 hours could not be observed. The possible causes for this are discussed. The internal membranes of the mitochondria show no definite changes, the mitochondrial matrix becomes lighter and less compact. The results obtained are not considered specific for the fasting condition but are explained as a sign of unspecific reversible cytoplasmatic damage.

Резюме

Микроскопические и электрономикроскопические исследования изменений величины митохондрий в печени показали, что у голодающих мышей величина митохондрий повышаѐтся до 2,17 μ^3 по сравнению к объёму митохондрий у нормальных животных в 0,80 μ^3. В микроскопе наблюдалось повышение больших фирм митосхондрий 3,7% на 20,1%. В противоположность к данным из литературы не наблюдалось полное округление митохондрий во время голодания до 96 часов. Обсуждаются возможные причины этого факта. Внутренные оболочки митохондрий не показывают никаких особых изменений, матрикс митохондрий становится прозрачнее и разрыхленнее. Полученные результаты не считаются специфичными для голодания, а объясняются неспецифитическим обратным повреждением цитоплазмы.

Acta biol. med. germ., Band 4, Seite 166—189 (1960)

Aus der II. Medizinischen Klinik und Poliklinik der Charité, Berlin
(Direktor: Prof. Dr. A. Krautwald)

Das sensible Verhalten von Leber, Milz und Peritoneum parietale am Menschen bei Untersuchungen während der Laparoskopie

F. Renger

(Eingegangen am 12. 10. 1959)

Zusammenfassung

Die vorliegende Untersuchung über die Sensibilität intraabdominaler Organe wurde im Verlaufe von 36 Laparoskopien an 34 Patienten vorgenommen. Es wurden thermische, galvanische und mechanische Reize unter endoskopischer Kontrolle appliziert.

Die *Leber* erwies sich entgegen früheren Beobachtungen bei einem Teil der Probanden als sehr schmerzempfindlich. Bei der Zylinderpunktion wurden Serosa- und Parenchymschmerz unabhängig voneinander beobachtet. An der intakten Serosa bedingten umschriebener Zug und Abschürfung Schmerzen. Die verschwielte Serosa war unempfindlich. Das Leberparenchym erwies sich bei 89 von 254 Punktionen als schmerzhaft. Die Lokalisation der Leberschmerzen erfolgte überwiegend in die Tiefe des Epigastriums, vereinzelt dorsal (12. BWK).

Die *Milz* war allen Reizformen gegenüber insensibel.

Das *Peritoneum parietale* zeigte eine regional abgestufte Empfindlichkeit. Außer Schmerz wurde Druck wahrgenommen. Die Lokalisation erfolgte überwiegend an den Reizort, bei einigen Probanden in Nabelhöhe.

Das *Ligamentum teres* war besonders am parietalen und visceralen Drittel sehr empfindlich, die *Plica colicophrenica sinistra* sprach lediglich auf Zugreize an. Die Sensationen wurden vom Lig. teres aus vorwiegend ins Epigastrium, von der Plica colica unter den linken Rippenbogen lokalisiert.

Verwachsungsstränge lösten Schmerzen aus, wenn sie einen umschriebenen Zug am nicht verschwielten Peritoneum bewirkten.

Harnblase, Urachus und *Ligg. umbilia lat.* verhielten sich ähnlich wie das Peritoneum. Abweichend davon wurden die Sensationen zum Teil atypisch im Bereich des Genitaltraktes angegeben.

I

Unsere Kenntnisse über die Sensibilität innerer Organe sowie die Beziehungen zwischen Ursprungsort und Lokalisation von Schmerzen sind aus chirurgischen Erfahrungen oder experimentellen, insbesondere neurophysiologischen Untersuchungen gewonnen.

Dabei wurden folgende methodische Wege beschritten:

a) Tierversuche:

1. Reizung bei eröffneter Bauchhöhle. Die Perzeption wurde durch Registrieren schmerzbedingter Reflexe und Reaktionen zu objektivieren versucht: Muskelspannung, Abwehr, Schwankung von Blutdruck, Puls, Pupillenweite, Atmung, Schmerzäußerungen u. a. mehr (F. Breslauer [5], Brüning und E. Gohrbandt [6], Cannon [8], Engelhorn [11], Fröhlich und Meyer [14], W. R. Hess und W. H. von Wyss [18], M. Kappis [21], Kast und Meltzer [22], Lewis und Kelgren [28], A. W. Meyer [30], A. Neumann [33], Propping [35], Ritter [37] u. a.).

2. Reizung bei eröffneter Bauchhöhle mit direkter Registrierung der Erregungsimpulse in den afferenten Nerven (B. Gernandt [15], Tyrell und Gray [38], Y. Zotterman [43]) oder an den Rezeptorenfeldern des Gehirns (U. N. Chernigowsky [10]).

3. Nachweis der Reizrezeption mittels bedingter Reflexe (Pawlow, Bykow [7], Airapetjanz [1]).

b) Untersuchungen am Menschen:

1. bei eröffneter Bauchhöhle (F. Breslauer [5], Brüning [6], W. Felix [12], Kulenkampff [25], Ray und Neill [36], Goldscheider [16], Kappis [21], Lennander [26], Kinsella [23], L. R. Müller [32], Nothnagel [34], Ritter [37], Wilms [40] u. a.),

2. mittels Ballonsonde und Applikation von thermischen und Dehnungsreizen am Verdauungstrakt (Benthley und Smithwick [2], Ray und Ch. Neill [36], Jones [20], Lipkin und Sleisenger [44]),

3. mittels Unterbrechung der Leitungsbahnen (operativ oder durch Anaesthesie) (A. Bier [3], F. Braun [4], W. Felix [12], Haertel [17], Leriche [27], Foerster [13], Vosschulte [39], Ray und Neill [36] u. a.),

4. durch mechanische Reize mittels Tastsonde während eines Pneumoperitoneum (Capps und Coleman [9]).

Die methodischen Besonderheiten der bisher angewandten Verfahren bedingen, daß zahlreiche Fragen noch umstritten oder unbeantwortet sind. Nach der uns zugänglichen Literatur wurde die Laparoskopie für die vorliegende Fragestellung bislang noch nicht benutzt. Sie gestattet aber Untersuchungen unter Bedingungen, welche den physiologischen Verhältnissen sehr nahe kommen.

II

Im Rahmen von 36 diagnostisch indizierten Laparoskopien wurden bei 34 Patienten folgende Reizformen verwendet:

1. thermisch mittels Flüssigkeitsthermode (Kontaktfläche 1,76 cm²) kalt 4° C bis 18° C bis zu 10 sec Kontaktdauer, heiß 43° C—50° C bis zu 5 sec Kontaktdauer,

2. galvanisch mittels spreizbarem Elektrodenträger mit zwei gleichgroßen verchromten Messingelektroden zu 48 mm² 1,2—6,0 Volt mit 0,06—0,6 mA bis zu 5 sec Kontaktdauer,

3. mechanisch mittels Palpationssonde: Berührung, Streichen, Druck und mit dem stromlosen Elektrodenträger, der als stumpfe Zange verwendet wurde, Zug und Kompression.

4. Weiter wurde bei 254 Leberpunktionen (mit der Kanüle nach Iverson und Roholm [46]) an 246 Patienten auf das sensible Verhalten der Leber geachtet.

Die einzelnen Reize wurden bis zu fünf Malen wiederholt, sofern nicht nach der ersten oder zweiten Applikation stärkere Reaktionen auftraten.

Die Reize konnten nicht bei allen Patienten in gleicher Zahl und an allen zu prüfenden Organen zur Verwendung kommen, sondern wurden abhängig von der Belastbarkeit der Probanden und dem Aktionsradius der Instrumente variiert. Ihre Applikation erfolgte mit einem besonderen, für diese Zwecke entwickelten Instrumentarium.

Die Probanden erhielten 2 Std. vor Beginn in der Mehrzahl 0,2 g Phenylaethylbarbitursäure, 6 Probanden waren bereit, sich ohne Praemedikation untersuchen zu lassen. Einige Probanden am Anfang der Untersuchungsreihe erhielten Kombinationspraeparate wie Scophedal (0,0005 Scopolamin hydrobromicum, 0,01 Eukodal und 0,025 Ephetonin) oder Palascopin (Morphin 0,01, Ephedrin hydrochlor. 0,025 g, Belladonnysat-Alkaloide 0,0005, davon Scopolamin 0,0004 in 1 ml).

Die Einführungsorte der Instrumente wurden mit 20—50 ml Novocain 1%ig anaesthesiert. Die Prüfung der intraabdominalen Sensibilität erfolgte im Anschluß an die diagnostisch-endoskopische Untersuchung der Bauchhöhle.

Zuvor wiesen wir die Probanden ohne besondere Betonung — um eine verbale Induktion zu vermeiden — darauf hin, daß sie auf Empfindungen achten möchten, welche möglicherweise auftreten. Den Ort der Empfindung ließen wir sowohl beschreiben als auch mit dem Finger zeigen. Die Patienten bekamen dazu einen sterilen Handschuh angezogen.

Unabhängig von den subjektiven Angaben wurde die Reizwirkung auch endoskopisch kontrolliert an objektiven Zeichen wie Hyperaemie, Kontraktion oder Peristaltik.

III

1. Die Leber wurde im Bereich der Oberfläche und des vorderen Randes auf ihr sensibles Verhalten geprüft. Wir applizierten: *Galvanische Reize*, 31 mal bei 6 Probanden. Insensibel blieben — auch nach Steigerung der Reizintensität — Prob. Nr. 18, 19, 20 und 22. Schmerz gab Prob. Nr. 10 an und Prob. Nr. 15 an der linken Leber; die rechte war insensibel. *Thermische Reize*, 28 mal bei 4 Probanden. Weder Kälte (5° C) noch Wärme (43°—50° C) lösten Sensationen aus. *Mechanische Reize* in Form von Berührung, Palpationsdruck mit der Sonde sowie Streichen mit rundem und spitzem Sondenende blieben bei 10 Probanden durchweg ohne Wahrnehmung. Kurze Kompression mit der Elektrodenzange (bis 5 sec Dauer) ergab nur bei Prob. Nr. 19 und lediglich am Lobus quadratus reproduzierbaren Schmerz.

Zylinderpunktionen wurden bei 246 Patienten 254 mal ausgewertet. Hierbei läßt sich ein Serosaschmerz, welcher bereits bei Perforation oder

Anritzen der Serosa auftritt, gegenüber dem Parenchymschmerz abgrenzen, der erst nach Eindringen der Kanüle um einige Millimeter angegeben wird.

Das Auftreten von *Punktionsschmerz an der Serosa* läßt Beziehungen zur Serosabeschaffenheit, Punktionstechnik und Leberdiagnose erkennen.

Die schwielig verdickte, getrübte Serosa ist ausnahmslos indolent. Schmerzen können nur bei zarter intakter oder leicht getrübter Serosa ohne Verdickung auftreten (vgl. Tabelle 1).

Tabelle 1
Beziehungen zwischen Punktionsschmerz und pathologisch-anatomischen Veränderungen der Serosa

Serosa:

	zart glatt glänzend	getrübt	schwielig verdickt getrübt	Gesamtzahl
schmerzhaft: Prob. Nr.:	3a, b, c, 23	5, 14 29b, 30 31a		9
indolent: Prob. Nr.	4, 9a, 9b, 25, 32, 34a, b, c	7, 12, 17, 29a, 31b, 33a, 33b, c, 891a, b, 904, 905, 906	1a, 1b, 6, 8a, 8b, 10, 11, 15, 18, 19, 28, 688, 863, 866, 903	36
Gesamtzahl	12	18	15	45

Punktionstechnisch macht lotrechte Führung der Kanüle nur in seltenen Fällen Schmerzen. Hingegen wird bei schrägem Einstichwinkel die Serosa oft angespannt, arrodiert oder gar abgeschürft und somit Schmerz ausgelöst. Die Aussage kann nach Beobachtungen an über 1000 Punktionen gemacht werden.

Von 45 auf das Serosaverhalten sicher auswertbaren Punktionen zeigten nur 9 einen Serosaschmerz. Davon lag in 6 Fällen (66%) eine chronische Hepatitis vor; diese Diagnose fand sich bei den 36 indolenten Punktionen nur 7 mal (21%).

Ein *Leberparenchymschmerz* wechselnder Intensität trat bei 89 von 254 Punktionen, d.h. in 35%, auf. Die Suche nach Beziehungen zwischen histologischem Befund und Punktionsschmerz ergibt folgendes Bild:

Diagnose	Zahl der Punktionen	davon schmerzhaft
Normale Leber	41	20 = 50%
Siderose	14	8 = 57%
Chron. Hepatitis	64	28 = 44%
Steatose	65	21 = 32%
Cirrhose	37	8 = 22%
Chron. Hepatitis mit Steatose	14	3 = 21%

Die pharmakologische Vorbereitung der Patienten läßt keine Beziehungen zum Auftreten von Punktionsschmerzen erkennen, desgl. scheinen Entzündungen im Gallenhohlsystem ohne Bedeutung zu sein.

Die *Lokalisation* der von Serosa und Parenchym ausgehenden Schmerzen ist in gewissem Umfange vom Punktions- bzw. Reizort abhängig. Von den medialen Anteilen der linken wie der rechten Leber aus werden Schmerzen meist in der Tiefe des Epigastrium, besonders rechts und in

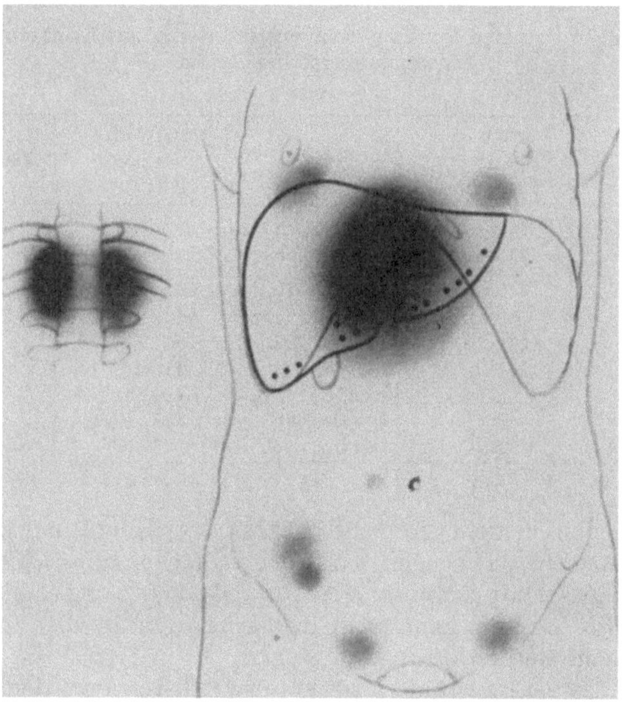

Abb. 1. Leber Schmerzlokalisation bei Zylinderpunktion •

der Mitte, empfunden. Vom mittleren und lateralen Drittel des linken Leberrandes wird in 3 Fällen Schmerz in den Bereich der unteren BWS projiziert (vgl. Abb. 1).

Einige Patienten machen von der als Norm zu bezeichnenden Lokalisation stark abweichende Angaben, wie Proc. ensiformis, Herzgegend, McBurneyscher Punkt und Adnexe. Eine Analyse dieser Fälle erfolgt später.

2. Die Milz blieb bei 150 Zylinderpunktionen ohne Sensationen. Auch mechanische wie thermische Reize wurden niemals wahrgenommen. Einen echten spannungsbedingten Kapselschmerz konnten wir bei

Tabelle

Die Zonen abgestufter Empfindlichkeit am ventralen Peritoneum un

Reizform	Zone I sehr empfindlich Sensation		Zone II mittlere Empfindlichkeit Sensation		Zone kaum em Sensa
	fehlt bei Prob. Nr.	vorhanden bei Prob. Nr.	fehlt bei Prob. Nr.	vorhanden bei Prob. Nr.	fehlt bei Prob. Nr.
Kältereiz 4° C—7° C 30 C	7, 8 7		7, 8 7		
Wärmereiz 43° C 47° C 55° C	17 35	9 32	17 35	32	17 35
Galvan. 2,4 Volt/0,3 mA. bis 4,0 Volt/0,7 mA.		10		10	
Berührung	7, 8, 9, 10, 7, 22, 28, 32 8	18, 19, 20, 21, 27, 29, 33, 34, 24 9	7, 8, 10, 17, 19, 22, 24, 27, 28, 29, 32, 34 13	18, 20, 21, 33, 36 5	17, 19, 21, 27, 29, 32, 33, 34, 35, 36 10
leichter Druck	17, 22 2	28, 29, 33, 34 4	17, 19, 22, 28, 34 5	26, 27, 29, 33, 24, 26 6	19, 21, 27, 29, 33, 34, 36 7
starker Druck	17, 22 2		17, 21, 22, 19, 28 5	33, 34, 36 3	19, 21, 22, 27, 29, 33, 34, 36 8
Verschieben des Peritonealblattes = Zug	17, 28 2		17, 28 2	19, 21, 33, 36 4	27, 29, 33, 36 4
Streichen		17, 20, 28 3		17, 20, 27, 28, 36 2	21, 29, 33, 36 4
stumme bzw. wahrgenommene mechan. Reize bei	14 Probanden	16 Probanden	25 Probanden	23 Probanden	33 Probanden

uch Abb. 2)

ısprechbarkeit der einzelnen Probanden auf verschiedene Reizformen

.en bei Nr.	Inguinalregion Sensation fehlt bei Prob. Nr.	Inguinalregion Sensation vorhanden bei Prob. Nr.	Intercostalräume Sensation fehlt bei Prob. Nr.	Intercostalräume Sensation vorhanden bei Prob. Nr.	Gesamtzahl der Reizfolgen Sensation fehlt bei	Gesamtzahl der Reizfolgen Sensation vorhanden bei
					6 Probanden	4 Probanden
					—	3 ,,
	28, 36 **2**	24, 27, 29, 33 **4**	20 33 34 **3**		36 ,,	18 ,,
		27, 28, 29, 33, 36 **5**	20 **1**	33 34 **2**	15 ,,	17 ,,
				19 **1**	15 ,,	4 ,,
					8 ,,	4 ,,
			20 **1**		8 ,,	5 ,,
	2 Probanden	9 Probanden	5 Probanden	3 Probanden	79 Probanden	52 Probanden

einer Patientin mit einer Milzcyste beobachten. Er wurde als Druckgefühl charakterisiert, welches sich vom linken Rippenbogen in die Herzgegend erstreckte und während der Entlastungspunktion (800 ml) verschwand.

Zusammenfassend ist zu sagen, daß Milzkapsel und Parenchym unabhängig von pathologisch-anatomischen Befunden auf die von uns angewandten Reizformen insensibel blieb. Ein echter Kapselschmerz infolge Dehnung erscheint auf Grund unserer Beobachtung möglich.

3. Das Peritoneum parietale wurde bei 19 Laparoskopien an 18 Probanden mit etwa 150 Reizfolgen geprüft. Als übergeordnetes Prinzip zeigt sich, daß Form und Intensität des Reizes nicht so entscheidend sind für die Perzeption wie der Applikationsort und der pathologisch-anatomische Befund am Peritonealblatt. Das Peritoneum ist im medianen Bereich (siehe Abb. 2, Zone I) sehr empfindlich und lateral (Zone III) — etwa im Gebiet der Axillarlinien — praktisch insensibel. Dazwischen liegt ein Übergangsgebiet mittlerer Empfindlichkeit (Zone II). Diese regional abgestufte Sensibilität wird durch pathologisch-anatomische Veränderungen des Peritonealblattes variiert: entzündliche Reizzustände steigern, postentzündliche Verdickung und Verschwielungen mindern die Empfindlichkeit oder heben sie auf (vgl. Tabelle 2).

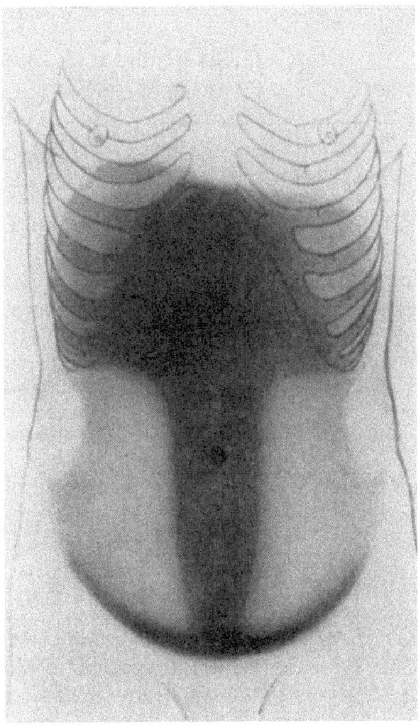

Abb. 2. Peritonaeum parietale Die 3 Zonen abgestufter Empfindlichkeit

Folgende Reize wurden appliziert: *Galvanische Reize* bei 2 Probanden (Nr. 10 und 29) in Zone I, II und III. Regelmäßig wurde ein kurzer stechender Schmerz angegeben, dessen Intensität in Zone I am stärksten war. Hierbei fiel das lokalisatorische Verhalten des Prob. Nr. 29 besonders auf. Bei Reizung weit lateral (Zone III) wurden regelmäßig zwei örtlich getrennte Sensationen wahrgenommen: am Reizort eine Zuckung und in Nabelnähe ein Schmerz. Dieser reizferne Projektionsort blieb für einige Sekunden druckempfindlich.

Kältereize bei Prob. Nr. 7 und 8 mit 4°—7° C in Zone I bei intaktem Peritoneum wurden nicht wahrgenommen.

Wärmereize (43°—55° C) lösten bei Prob. Nr. 9 und 32 in Zone I und II Schmerzen aus. Hingegen blieben Prob. Nr. 17 und 35 (Zone I, II und III) insensibel. Beide Probanden hatten ein postentzündliches Peritonealblatt.

Mechanische Reize wie Berührung sowie Druck wurden in etwa 130 Reizfolgen angewendet. Die in Tabelle 2 dargestellten Ergebnisse lassen die regional abgestufte Empfindlichkeit erkennen. Die oben genannte Bedeutung des pathologisch-anatomischen Peritonealbefundes ist aus Tabelle 3 ersichtlich.

Tabelle 3

Empfindlichkeit und endoskopischer Befund des Peritoneum parietale

Peritonealbefund und Sensibilität

Empfindlichkeitsgrad	Prob. Nr.	Peritonealbefund	Diagnose
Gruppe A hohe Empfindlichkeit	18	Peritoneum zart, glatt, glänzend, vermehrt arteriell injiziert	chron. Hepatitis (Pneumoperitoneum besteht bereits 4 Stunden)
	20	Peritoneum zart, glatt einige Verwachsungen im Unterbauch bei florider Adnexitis	Floride Adnexitis
Gruppe B mittlere Empfindlichkeit	21	Peritoneum o. B.	Cystisches Lymphangiom der Milz
	27	Peritoneum o. B.	Hypernephroides Ca. li.
	29	Peritoneum o. B.	Hepatosplenomegalie
	33	Peritoneum nach lat. fleckig getrübt, Colonadhaesionen rechts	Zustand nach Perityphlitis Chron. Hepatitis-Ci.
Gruppe C geringe Empfindlichkeit	17	Verschwielt, grau gefleckt. Verwachsungen nach unterem Medianschnitt	Cholelithiasis, –Cysticusverschluß, chron. Hepatitis
	19	Verdickt, fleckig getrübt, vermehrte Venenzeichnung bei beginnender portaler Hypertension	Gallen-Colonfistel mit chron. Hepatitis–Cholangitis
	22	Grau getrübt, feucht, Zeichen portaler Hypertension	Lebercirrhose
	36	Verschwielt, reizlose Verwachsungen n. ob. Medianschnitt	Chron. Hepatitis, beginnende portale Hypertension
	34	Gering verdickt, deutl. vergrößerte Lymphfollikel	Banti-Syndrom, Anaemie
	28 u. 35	Verschwielte grau-weiße Auflagerungen, zahlreiche Verwachsungen	Mesenterial-Lymphknoten-Tbc. Chylöser Ascites
	32	glatt, glänzendes zartes Peritoneum	Siderophilie (somnolente Pat.)

Streichen am Peritoneum parietale mit runder Sonde in den Zonen I und II wurde von 4 Probanden als Schmerz empfunden, ein Proband charakterisierte die Empfindung „als ob jemand mit einer Spitze langstreiche".

Zug und Dehnung am Peritoneum ist bei Punktionen, besonders wenn die Zylinderpunktionskanüle nach Iverson und Roholm eingeführt wird, häufig nicht zu vermeiden. Mit dem Endoskop läßt sich der schmerzauslösende Mechanismus eindeutig beobachten: Der glatte Durchstich mit einer scharfen Spitze wird nicht wahrgenommen. Das Abheben des parietalen Blattes von der inneren Fascie mit Dehnung und Zug macht Schmerzen. Peritoneale Verwachsungsstränge können in gleicher Weise Schmerzen bedingen. Eine praeperitoneale Novocain-Quaddel, die rasch und mit stärkerem Druck gesetzt wird, kann durch Dehnung des abgedrängten Peritonealblattes Schmerzen machen, ehe die Anaesthesie wirkt.

Die *Qualität der Sensationen* am Peritoneum parietale wird überwiegend als Schmerz wechselnder Intensität beschrieben. Außerdem wurde aber von 7 Patienten in eindeutiger Weise Druck als solcher indentifiziert (vgl. Tabelle 4). Bemerkenswert ist im Hinblick auf die später zu diskutierende Sinnesleistung, daß Prob. Nr. 34 angab, den Druck so zu empfinden, „als ob dort Blähungen säßen".

Tabelle 4 zeigt, daß mehrfache Wiederholungen die Empfindlichkeit steigern und entweder den vorher nicht wahrgenommenen Reiz als Druck bewußt werden lassen oder auch die ursprüngliche Druckempfindung zum Schmerz transformieren.

Tabelle 4

Druck als Sinnesqualität am Peritoneum parietale

Proband	Reizort	Sensation
Nr. 19	Oberbauch, Zone I bds.	Druck, nach Wiederholung Schmerz
Nr. 27	Inguinal Zone I	Druck, nach Wiederholung Schmerz
Nr. 29	Unter- und Mittelbauch Zone II	anfangs nicht empfunden, nach Wiederholung Druck
Nr. 33	Unter- und Mittelbauch Zone II	Druck
Nr. 34	Unter- und Mittelbauch Zone II	Druck
Nr. 35	Oberbauch Zone I	zunächst nicht empfunden, nach Wiederholung als Druck
Nr. 36	Mittelbauch Zone II	Druck, nach Wiederholung Schmerzen
Nr. 36	Mittelbauch Zone II	Druck, nach Wiederholung Schmerzen

Die *Lokalisation* (Tabelle 5) der am Peritoneum parietale ausgelösten Sensationen erfolgte bei der Mehrzahl der Probanden mit einer Abweichung bis zu 4 cm an den Reizort. Eine kleinere Gruppe zeigte ein

Tabelle 5

Lokalisation bzw. Projektion am Peritoneum ausgelöster Sensationen bei einzelnen Probanden

Sensation am Reizort	Sensation in Nabelnähe	gemischt (sowohl am Reizort als verschiedentlich auch in Nabelnähe)
Gruppe I	II	III
Nr. 18	Nr. 29	Nr. 20
Nr. 21	Nr. 33	
Nr. 27	Nr. 36	
Nr. 19		
Nr. 28		
Nr. 34		

davon abweichendes, bisher nicht beschriebenes Verhalten: Am Reizort selbst wird keinerlei Sensation wahrgenommen. Es besteht hier auch keine Empfindlichkeit bei Druck auf die Bauchdecke. Statt dessen zeigen die Probanden einen kleinen umschriebenen Ort in Nabelnähe, an welchem auf Druck von außen Schmerz angegeben wird. Diese Druckempfindlichkeit hält bis zu 5 min nach beendeter Reizsetzung an (vgl. auch galvanische Reizung bei Prob. Nr. 29). Der projizierte Schmerzpunkt in Nabelnähe liegt meist in Richtung auf den peripheren Reizort. Sein Abstand vom Nabel bewegt sich zwischen 2 und 6 cm und verhält sich innerhalb dieser Spanne zur Entfernung des Reizortes angedeutet proportional (vgl. Skizze Nr. 3). Offenbar ist auch ein wechselndes Verhalten möglich wie bei Prob. Nr. 20: Anfangs lokalisierte er die Reize aus dem Unter- und dem Mittelbauch nach dem Nabel hin, im Oberbauch hingegen an den Reizort und bei späterer Wiederholung auch die Reize im Unterbauch.

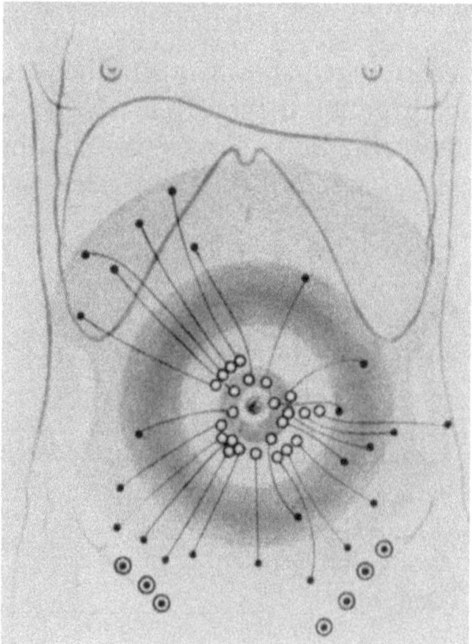

Abb. 3. Paritonaeum parietale
Reizstellen •—
Schmerzlokalisation ∘

4. Verwachsungsstränge zwischen verschiedenen Organen wie auch zum Peritoneum parietale wurden bei 11 Probanden auf ihre sensible Ansprechbarkeit geprüft. Die Ergebnisse sind aus Tabelle 6a und b ersichtlich. Gegen Druck, Quetschung und thermische Reize sind sie

Tabelle 6a

Die Perzeption verschiedener Reize an viscero-visceralen Verwachsungssträngen

Prob. Nr.	Verwachsung	Reiz	Sensation
25	zarte Stränge Pylor. und gr. Kurvatur + Antrum mit dem Omentum. Entzdl. Umgebungsreaktion	Berührung Streichen leichter Zug kräftiger Zug leichter Zug Berührung Streichen	neg. neg. neg. Schmerz Schmerz neg. neg.
26	Omentum am unteren Milzpol	Berührung Streichen Zug	} neg.
31	Omentum am Gallenblasenfundus chron. Pericholecystitis	Berührung Zug nach caudal	neg. schmerzhaft Druck über dem Herzen und re. lateral

Tabelle 6b

Die Perzeption verschiedener Reize an viscero-parietalen Verwachsungssträngen

Prob. Nr.	Verwachsung	Reiz	Sensation
28	Zahlreiche weiche elastische Stränge bei chylösem Ascites	Berührung Fassen Druck Zug im Unterbauch	neg. neg. neg. neg.

Anmerkung: Infolge der sulzigen Beschaffenheit der Verwachsungsstränge teilt der Zug sich dem Peritoneum parietale nicht mit.

Prob. Nr.	Verwachsung	Reiz	Sensation
35	= Wiederholung zu Nr. 28 nach 5 Wochen	Zug unmittelbar am Perit. Ansatz Mittel- und Oberbauch	Schmerz
10	Frische Stränge von Perit. zu re. Leber und Colon asc. Leichte floride peritonit. Zeichen	3,6 Volt/0,6 mA. mittl. Drittel 3,6 Volt am pariet. Drittel	neg. Schmerz
17	Zahlreiche ältere Verwachsungen nach unt. Medianschnitt	50° C 3 Sek. und 12 Sek. Zug	neg.
21	Verwachsungsregel nach unterem Medianschnitt	Zug am pariet. Ansatz leicht, stärker, so daß am Perit. wirksam	neg. neg. stechenden Schmerz

insensibel. Galvanische Reize können Schmerz auslösen, wenn die Applikation nicht weiter als 3 cm vom parietalen Ansatz erfolgt.

Zugschmerz tritt nur dann auf, wenn das Peritoneum nicht verschwielt ist. Weiter muß die Verwachsung in einem umschriebenen Bezirk ansetzen und relativ fest sein, so daß der Zug auf das Peritonealblatt übertragen werden kann. Das parietale Peritoneum ist wesentlich empfindlicher als das viscerale.

Drei kasuistische Beobachtungen beweisen, daß über diesen Wirkungsmechanismus Schmerzen und dadurch viscero-viscerale Reflexe mit erheblichen Funktionsstörungen unterhalten werden können. Sie verschwanden regelmäßig nach Durchtrennung der Verwachsungsstränge.

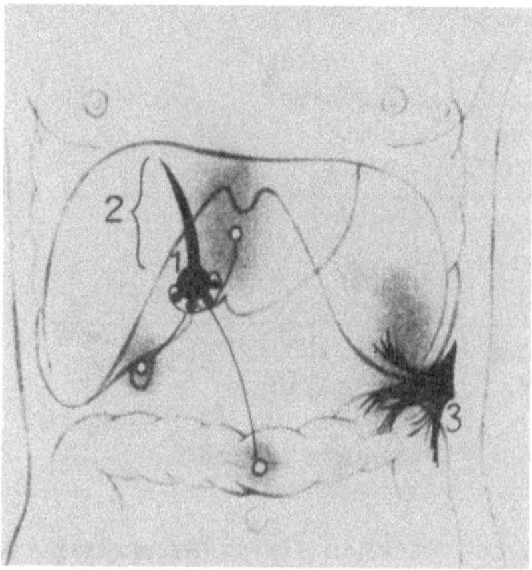

Abb. 4. *Lokalisation von Sensationen bei Reizen an*
1. Lig. teres hepatis
2. Lig. falciforme hepatis
3. Plica colico-phrenica sinistra

5. Die Aufhängebänder der Bauchorgane Lig. teres, Lig. falciforme und Plica colicophrenica-sinistra (vgl. Abb. 4) sind in ihrem Verhalten weitgehend dem Peritoneum parietale zuzuordnen.

a) Das *Ligamentum teres* (vgl. Tabelle 7) läßt eine hohe Empfindlichkeit am parietalen Drittel erkennen, eine geringere am visceralen und schließlich eine sehr geringe bis aufgehobene im mittleren Drittel. Von den mechanischen Reizen waren: Am mittleren Drittel 9 stumm und 9 mit Wahrnehmungen verbunden. Am visceralen Drittel 2 stumm und 5 mit Wahrnehmungen verbunden. Am parietalen Drittel 1 stumm und 10 mit Wahrnehmungen verbunden. Die Art der Sensation ist bei den 3 Prob. zunächst Druck, bei Wiederholung geht er in Schmerz über. 6 Prob. empfinden von Anfang an Schmerz, eine Übelkeit (vgl. Tabelle 8). Die Lokalisation der Sensationen vom Lig. teres aus (vgl. Abb. 4 und Tabelle 8) erfolgt bei den meisten Probanden in das Epigastrium, unter den Proc. ensiformis und die „Magengrube". Nur einmal wird der Ansatz des Lig. teres, die Gallengegend und der Bauchnabel angezeigt. Die Lokalisation von den drei Abschnitten des Lig. teres aus erfolgt in das gleiche Gebiet.

b) Das *Ligamentum falciforme* wurde bei 6 Laparoskopien mit Berührung Streichen, Druck und Spannung geprüft (Prob. Nr. 1, 2, 3, 4, 5, 33). Es zeigte durchweg eine wesentlich geringere Empfindlichkeit als das Lig. teres. Nach dorsal hin war es regelmäßig indolent. Selbst starke Anspannung wurde nicht wahrgenommen. Nur in einem etwa 3 cm breiten Streifen neben dem Lig. teres besteht eine zunehmende Empfindlichkeit.

Tabelle 7

Ansprechbarkeit des Ligamentum teres im parietalen, mittleren und visceralen Drittel auf die verschiedenen Reizformen

	Parietales Drittel		Mittleres Drittel		Viscerales Drittel		Lig. teres gesamt	
	ohne Sens.	mit Sens.	ohne Sens.	mit Sens.	ohne Sens.	mit Sens.	ohne Sens.	mit Sens.
	Prob. Nr.	Prob Nr.	Prob. Nr.	Prob. Nr.	Prob. Nr.	Prob. Nr.	Prob. Gesamtzahl	Prob. Gesamtzahl
Druck	—	5, 19	19, 20, 33	—	19	19, 20	4	4
Zug								
Spannung	—	1, 2, 5, 19	1, 18, 19, 20	1, 2, 3 4, 9	19	19, 22	5	11
Berührung	22	1, 2, 5	7, 18	2, 3, 4	—	22	3	7
Quetschen	—	22	—	9	—	—	—	2
Kalt 5° C	—	—	7	—	—	—	1	—
Warm 43° C	17	9	—	—	—	—	1	1
Galvanisch	19	32	18	10, 14, 19	20	14	3	5
Gesamtzahl der Prob. in den einzelnen Abschnitten	3	12	11	12	3	6	17	30

Tabelle 8

Art und Lokalisation der am Lig. teres ausgelösten Sensation in Beziehung zur Reizart (vgl. Abb. 4)

Prob. Nr.	Reiz	Sensation	Ort der Empfindung
1	Zug	schmerzhafter Druck	Oberbauch, insbes. epigastrischer Winkel
	Berührung	leichter Druck	Oberbauch, insbes. epigastrischer Winkel
2	Berührung u. Spannung	Schmerz	epigastrischer Winkel
3	Berührung u. Spannung	zunehmender Schmerz	,,Magengrube"
4	Berührung u. Spannung	Schmerz	,,Magengrube"
5	Berührung	Druck	unter dem caudalen Sternum und Proc. ensiformis
	Streichen	Schmerz	
	Spannung	Schmerz	
9	Fassen		
	Druck } Ziehen }	Schmerz	,,Magengrube"
19	Druck	Schmerz	,,Gallengegend"
20	Druck	stechender Schmerz	am Nabel
22	Zug	Beklemmung	unter dem caudalen Sternum, Proc. ensiformis und Ansatz Lig. teres
	Berührung	Druckgefühl	
	Wiederholung	Schmerz	
33	Berührung	Übelkeit	im Magen

c) Die *Plica colico-phrenica sinistra* wurde bei 2 Probanden (Nr. 9 und 21) mechanisch gereizt. Übereinstimmend ergab sich: Berührung, Fassen und Quetschen lösen keine Sensation aus. Zug vom Peritoneum weg führt zu Schmerzen, welche von Nr. 9 als ziehend, von Nr. 21 als stechend charakterisiert und in den linken Oberbauch lokalisiert wurden. Beide Probanden gaben spontan an, ein Gefühl ,,wie bei Blähungen" zu haben. Die Empfindlichkeit steigt mit jeder Reizwiederholung, ist im ganzen aber geringer als am Lig. teres. Galvanische Reize mit 3,8 Volt/0,6 mA. (bis 8 sec) wurden lediglich bei einer Pat. geprüft (Nr. 32) und lösten keine Sensationen aus.

6. Urachus, Ligamenta umbilicalia lateralia und Serosa der Vesica urinaria wurden bei 6 Probanden (vgl. Tabelle 9) mit Berührung Streichen, Fassen und Druck geprüft. Die Empfindlichkeit entspricht etwa der Zone I des Peritoneum. Verschwielungen reduzieren die Ansprechbarkeit, Berührung wird verschiedentlich erst nach mehrfacher Wiederholung wahrgenommen. Die Gefühlsqualitäten sind Druck, Ziehen und schließlich Schmerz. Miktionsdrang wird besonders durch Reize an Blase und caudalem Urachus ausgelöst (vgl. Abb. 5 u. 6).

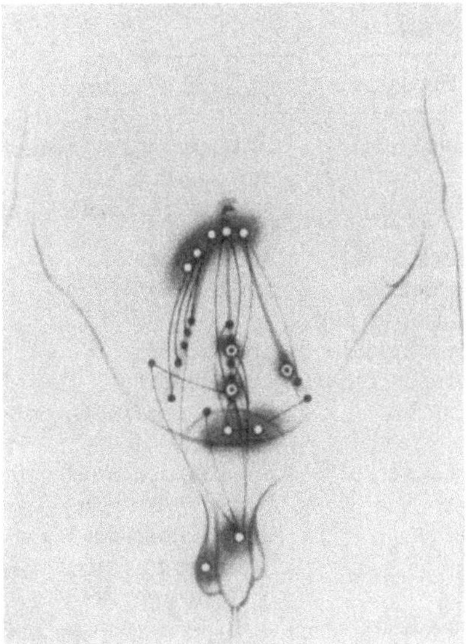

Abb. 5. Urachus und Lig. umbilic.
Reizstellen •—
Schmerzlokalisation o

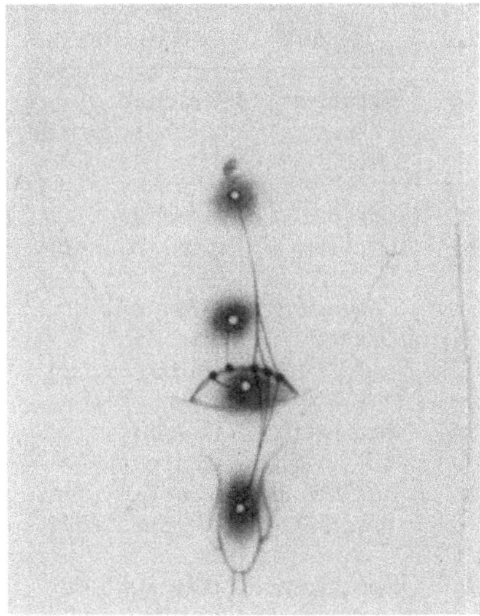

Abb. 6. Harnblase
Reizstellen •—
Schmerzlokalisation o

Tabelle 9

Übersicht zur Perzeption und Lokalisation verschiedener Reize an Urachus, Lig. umbil. lat. und Serosa der Vesica urinaria

Nr.	Reizart	Reizort	Sensation	Projektion
27	Berührung	Urachus	ohne	—
	Fassen, Druck	Übergang mittl. zu caudalem Drittel	Schmerz	mittl. med. Unterbauch bes. links
	Berührung		heftiger, langanh. Schmerz	
29	Berührung	Urachus	ohne	—
	Fassen, Druck	4 cm cranial d. Symphyse	unangenehmer Schmerz einige Min. anhaltend	etwas caudal vom Reizort im Unterbauch, Austrahlungen in den Penis
	Berührung	2 cm cranial d. Symphyse	idem	idem
	leichte Berührung	Perit. par. 5 cm re. lat. d. Urachus Höhe mittl. zu caudales Drittel	Schmerz	wie oben ohne Ausstrahlung, Reizort frei (fixierte Schmerzprojektion)
	Druck zunehmend 3mal	Urachus mittl. zu craniales Drittel	keine	(möglicherweise Wirkung der Anaesthesie am Einstich der Luftkanüle)
	Fassen	mittl. Drittel	leichter Schmerz	4 cm cranial der Symphyse, Reizort frei

Fortsetzung: Tabelle 9

Nr.	Reizart	Reizort	Sensation	Projektion
34	Berührung Fassen Druck	Urachus caudales Drittel	keine	Pat. in toto wenig empfindlich schwieliges Perit.
35	Berührung Druck	Urachus mittl. u. caud.	Druck Schmerz Miktionsdrang	am Reizort am Reizort
	Berührung Druck	Lig. umbilic. lat. dext. mittl. Drittel	Druckgefühl Druckschmerz	am Reizort am Reizort in den re. Hoden ausstrahlend
36	Berührung	Urachus caud. Drittel	Druckgefühl	am Reizort und li. am Nabel 3 cm 5 h
	Berührung	1 cm über dem Blasenscheitel	Ziehen	in der Blase mit Harndrang und Ausstrahlung in den Penis
	Berührung Druck	Lig. umbilic. lat. li. caud. Drittel	keine Sens. Druckgefühl	— am Reizort
	Druck	Lig. umbilic. lat. re. mittl. zu caud. Drittel	Schmerz	re. vom Nabel 8 h, 3 cm Reizort frei
	Druck	Lig. umbilic. re. caudales Drittel	Schmerz	am Nabel 8 h 5 cm
	Druck	weiter caudal (2 cm oberhalb des Blasenscheitels)	Schmerz	am Nabel 8 h 8 cm
	Druck	Lig. umbilic. li. 2 cm cranial der Blase)	Schmerz	in der Blase (keine Nabelprojektion)
	Druck	1 cm cranial der letzten Reizstelle	Schmerz	nur am Nabel 5 h 2 cm
	Druck	Urachus mittl. Drittel	Schmerz	in der Blase
21	zarte Berührung	Blasenscheitel	heftiger Schmerz	9 cm cranial der Symphyse, Medianlinie
29	leichter Druck	Blasenscheitel	geringer Schmerz	2 cm caudal des Nabels, eng umschrieben + Penis
34	Druck Streichen	Blasenscheitel	Druck und Miktionsdrang	Blase u. Ausstrahlung in den Penis
35	Berührung mäßiger Druck starker Druck u. Streichen	Blasenscheitel	keine Sens. Druck mit starkem Miktionsdrang, Schmerz und Druck	— in der Blase
36	Druck	li. Blasenscheitel	Druck, leicht schmerzend	in der Blase li.

Die Lokalisation der Wahrnehmungen erfolgt an den Reizort, in Nabelnähe und in Penis, Testes sowie Blase — letztere können als Ausstrahlungsgebiete gleichzeitig mit den vorher genannten Lokalisationen angegeben werden.

IV

Unsere laparoskopisch gewonnenen Ergebnisse weichen von dem bisher Bekannten z. T. erheblich ab. Die Erklärung dürfte in den methodisch verschiedenen Wegen zu suchen sein.

1. Die Leber wird auf Grund der früheren experimentellen Untersuchungen als indolent angesehen. Auf mechanische Reize wie Ziehen, Schneiden, Stechen und manuellen Druck (KINSELLA [23], RAY und NEILL [36]) blieb sie immer ohne Reizantwort. Auch im Tierversuch lösten stärkere Reize (WRIGHT [41]) keine reflektorische Muskelspannung oder andersartige Reaktionen aus.

Dennoch erkennt man klinisch einen von der Leber ausgehenden Schmerz an, der bei akuter Vergrößerung des Organs im Verlaufe von Entzündung, Ödembildung oder plötzlicher cardialer Stauung auftritt und sich als dumpfer Dauerschmerz, Druckgefühl oder Druckempfindlichkeit äußert. KAPPIS [21] hält die größeren Lebergefäße für schmerzhaft und von ihnen ausgehend einen echten Leberschmerz für möglich. HOCHE [19] schreibt der Kapsel und dem Zwischengewebe Schmerzempfindlichkeit zu. LENNANDER 26] erklärt ihn durch Druck und Reizung des parietalen Peritoneum infolge Organvergrößerung. MACKENZIE [29] glaubt an viscero-partietalen Schmerz, L. R. MÜLLER [32] mißt der Reizung des Diaphragma durch Zug an der Aufhängung besondere Bedeutung bei und KINSELLA [23] ist der Meinung, daß eine innere viscerale Sensibilität als Erklärung für die Beschwerden bei Vergrößerung der Leber angenommen werden müßte.

Unsere laparoskopisch gewonnenen Ergebnisse zeigen eindeutig, daß Leberserosa und Parenchym voneinander unabhängig unter gewissen Bedingungen schmerzempfindlich sein können.

Die *Serosa* ist schmerzhaft auf Spannung, Zugwirkung und Abschürfung. Postentzündliche Verdickung der Leberkapsel vermindert die Empfindlichkeit oder hebt sie auf.

Am *Parenchym* kann bei Zylinderpunktion Schmerz ausgelöst werden. Sein Auftreten läßt Schlüsse auf die histologische Diagnose zu: Die normale bzw. unwesentlich histologisch veränderte Leber ist ebenso wie die eisenspeichernde häufig punktionsempfindlich. Die Frequenz, mit welcher Punktionsschmerz zu beobachten ist, nimmt in der Reihenfolge chronische Hepatitis — Steatose — Cirrhose ab. Die Intensität scheint bei normaler und chronisch entzündeter Leber am größten. Auch galvanische Reize können Schmerzen auslösen. Auf Grund aller Beobachtungen scheint die Empfindlichkeit von lateral zum Hilus hin zuzunehmen. Beziehungen zwischen Schmerz und Laesion von Lebergefäßen bei der Zylinderpunktion sind nicht erkennbar. Größere Gefäße wurden nicht getroffen, wie auf Grund des histologischen Befundes und der geringen Nachblutung ausgesagt werden kann. Kompression war nur bei einem Probanden und lediglich am Lobus quadratus schmerzhaft. Wir möchten annehmen, daß dieser Schmerz durch die druckbedingte Anspannung der Kapsel ausgelöst wurde.

Der Serosaschmerz durch umschriebenen Zug infolge Verwachsungsstrang und Spannung bei Punktion stellt einen weiteren Hinweis auf diesen Entstehungsmechanismus dar, welcher auch bei akuter Schwellung der Leber anzunehmen ist. Eine Volumenvermehrung, die sich langsam entwickelt (Thesaurismosen, Cysten, Metastasendurchsetzung), bleibt unter der Schmerzschwelle.

Von diesem Kapsel- und Parenchymschmerz, welcher dumpf, tief, schwer lokalisierbar und von geringer Gedächtnishaftung ist, kann der Patient den durch Einbeziehung des parietalen Peritoneum bei perihepatitischen Prozessen eindeutig abgrenzen: er ist heller, gegenwärtiger, stechend, klarer lokalisierbar und geht regelmäßig mit Hyperalgesie sowie Abwehrspannung einher. Lageabhängigkeit kann, besonders bei Verwachsungen, vorhanden sein. Sie weist auf die Einbeziehung des diaphragmalen Peritoneum hin. Dies kann über den Phrenicus und die Segmente C_{3-5} Schmerzen im Nacken-Schulterbereich bedingen sowie eine reflektorische Ruhigstellung des Zwerchfelles.

2. An der Milz haben nach S. WRIGHT [41] mechanische Reize im Tierexperiment weder Schmerz noch vegetative Reflexe ausgelöst. KAPPIS [21] fand im Hundeversuch lediglich Zug am Hilus schmerzhaft. Die nervöse Versorgung soll aus D_6/D_9 erfolgen

Auch in unseren Untersuchungen erwies sich Serosa und Parenchym gegen galvanische und mechanische Reize wie Berührung, Kratzen, Druck und Punktion ausnahmslos indolent. Obzwar experimentell die Milz insensibel ist, wird in der klinischen Symptomatologie von Milzschmerzen gesprochen. Nach unseren laparoskopischen Beobachtungen sind für seine Entstehung 3 Möglichkeiten anzunehmen:

a) Ein peritonealer Schmerz infolge mitgeteilter Entzündung, Reibung, Druck bei Milzvergrößerung und Verwachsung. Milzinfarkt, Ruptur und Perisplenitis sind ursächliche Krankheitsbilder. Über Charakter und Lokalisation dieses Schmerzes gilt das im Zusammenhang mit der Leber gesagte.

b) Schmerz von der Plica colico-phrenica ausgelöst durch akute Zugwirkung, bei adhaesivem caudalen Milzpol. Wir beobachteten diesen Mechanismus während der Röntgen-Untersuchung des Pneumoperitoneum bei Wechsel in Rechtslage, wenn die Milz ihrer Schwere folgend nach medial fällt (A. KRAUTWALD und F. RENGER [24]). Die Untersuchungen an der Plica haben deren Empfindlichkeit auf Spannung und Zug bewiesen.

c) Der echte Kapselschmerz durch relativ akute Spannung, wie er oben kasuistisch mitgeteilt wurde.

3. Das Peritoneum parietale prüften die Voruntersucher am operativ eröffneten Abdomen (LENNANDER [26], MACKENZIE [29], KINSELLA [23] u. a.). Nur CAPPS [9] wählte ein Verfahren, welches unserem nahekommt: Er setzte mit einer in Lokalanaesthesie eingeführten Drahtsonde mechanische Reize bei insgesamt 9 Pa-

tienten. Die Sonde dirigierte CAPPS lediglich nach Schätzung oder unter Röntgenkontrolle. Unsere endoskopisch kontrollierte Untersuchung ist demgegenüber vorteilhaft, weil sie außer der genauen örtlichen Orientierung auch die anatomische Beurteilung des gereizten Gewebes im Lupenbild ermöglicht und periphere Bereiche des Peritonealraumes aufzusuchen gestattet.

An Reizen wendeten die Voruntersucher mechanisch in Form von Berührung, Druck, Streichen, Greifen mit der Zange sowie osmotische mit Alkohol an.

Alle Autoren bestätigen bei Untersuchung des Peritoneum parietale einen Schmerzsinn, den sie z. T. subserös lokalisieren (MACKENZIE [29], oder auch in die Serosa selbst (LENNANDER [26]).

Weiterhin werden 3 Regionen verschiedener Empfindlichkeit beschrieben (KINSELLA [23], CAPPS [9], RAY und NEILL [36]). Die stärkste Sensibilität besteht an der ventralen Bauchwand, eine geringere im diaphragmalen Bereich und sehr gering wurde sie dorsal gefunden. Im frontalen Bereich und lateral bis an die Linie der Proc. spinosi ventrales führte stärkerer Druck mit abgerundeter Spitze zu Schmerzen, desgl. leichterer Druck oder Seitwärtsbewegung mit einer rauhen Drahtspitze (CAPPS [9]). Ein Drucksinn wird abgelehnt (CAPPS [9], RAMSTRÖM [45], LENNANDER [26]).

Die Lokalisation der Schmerzen ist in den 3 Regionen verschieden: Frontal wurden die Reize exakt lokalisiert (CAPPS [9]). Diaphragmal sind, wie auch in der Pleura diaphragmatica, zwei Projektionsformen erkennbar: Zentro-dorsal gesetzte Reize projizieren sich an einen ziemlich scharf begrenzten Punkt am Trapeziusrand oder im Hals-Schulterbereich (Segmente C_2—C_5), marginale Reize in den Bereich der unteren Rippen bis in Ober- und Mittelbauch, manchmal auch auf den unteren abdominalen Quadranten der gleichen Seite. Am dorsalen Peritoneum gesetzte Reize wurden (KINSELLA [23]) in die Fossa iliaca lokalisiert. Die nervöse Versorgung des frontalen Peritoneum erfolgt durch somatische afferente Fasern aus den unteren thorakalen Segmenten. Das dorsale Peritoneum wird vom Sympathicus versorgt, wie RAY und NEILL [36] nach Sympathektomie bewiesen. Auch das Vorhandensein von Vater-Paccinischen Körperchen ist nach diesen Autoren ein Hinweis auf die Zugehörigkeit zum visceralen Peritoneum. Frontaler somatisch und dorsaler sympathisch versorgter Bereich gehen lateral allmählich ineinander über. Am diaphragmalen Peritoneum wird der zentral-dorsale Bereich durch den Phrenicus versorgt (C_3—C_5), das diaphragmale Randgebiet durch thorakale, somatisch-sensible Äste (KINSELLA [23], W. FELIX [12]).

Unsere laparoskopischen Untersuchungen gestatten folgende neue Aussagen:

Von ventral nach lateral können 3 Zonen abnehmender Empfindlichkeit (Abb. 2) abgegrenzt werden. Die Sensibilität ist von pathologisch-anatomischen Veränderungen des Peritoneum stark abhängig: sie ist vermindert bei Verschwielungen und Verdickung; venöse Stauung (portal, möglicherweise auch cardial) ohne Ascites hat offenbar einen ähnlichen Effekt. Reizzustände — wie bei mehrstündig oder mehrtägig bestehendem Pneumoperitoneum oder bei Peritonitis — steigern die Empfindlichkeit.

Die *Lokalisation* der am Peritoneum ausgelösten Sensationen erfolgt bei der Mehrzahl der Probanden mit ± 2 bis 4 cm ziemlich genau am Reizort. Davon abweichend zeigten 4 Probanden ein bisher nirgends beschriebenes Verhalten: Der Schmerz wurde regelmäßig vom Reizort getrennt in Nabelnähe angegeben. Während am Ort der Schmerzprojektion Druckempfindlichkeit — über einige Minuten nach dem Reiz anhaltend — angegeben wurde, war der Reizort selbst völlig unempfindlich! Der Schmerzort neben dem Nabel liegt meist in Richtung zum Reizort (Abb. 3). Die Entfernungen Reizort zu Nabel und Schmerzort zu Nabel verhalten sich in einem gewissen Umfange proportional.

Von den weiteren angewandten Reizformen wurde Kälte nicht perzipiert; Hitze und galvanische Reize lösten Schmerz aus. Die bisherige Vorstellung, wonach Schmerz die einzige am Peritoneum auslösbare Sinnesqualität sei, kann nicht aufrecht erhalten werden. Druckreize können häufig als solche identifiziert werden, so daß auch ein Drucksinn angenommen werden darf. Die Druckempfindung ist nicht nur mit der Metallsonde auslösbar, sondern z. B. auch durch „weichen Druck" mit gefaßten abdominalen Geweben — z. B. einem größeren, gegen das Peritoneum gedrückten Netzkonvolut. Einige Probanden sprachen spontan von „Druck wie bei Blähungen". Auch Lennander [26] glaubt, daß Druck durch Darm oder sogar durch Stauungsleber vom Peritoneum perzipiert werde, nimmt allerdings an, daß die ausgelöste Empfindung Schmerz sei. Am leicht verdickten Peritoneum mit herabgesetzter Empfindlichkeit wurde auch zartes Streichen als solches indentifiziert.

Klinisch gewinnen diese Ergebnisse insofern Bedeutung, als Schmerzen innerhalb eines Kreises von etwa 6 cm um den Nabel durch eine peritoneale Reizung aus der Peripherie bedingt sein können und lediglich in Nabelnähe projiziert werden. Ort der Irritation und Ort der Schmerzempfindung decken sich also nicht!

Bei der Appendicitis wurde bisher der „Nabelschmerz" als echter visceraler, ohne entzündliche Beteiligung des Peritoneum parietale angesehen (Kinsella [23]). Nach unseren Befunden ist er jedoch durch entzündliche Einbeziehung des Peritoneum erklärbar.

Erkrankungen der Oberbauchorgane, welche zur Reizung des zentraldorsalen diaphragmalen Peritoneum führen, können sich ebenso wie Erkrankungen der diaphragmalen Pleura in den Bereich von C_3—C_5 projizieren. Myalgien und Hyperalgesien in Hals- und Schultergebiet sollten daher die Aufmerksamkeit auch auf eventuelle Oberbaucherkrankungen lenken. Der Phrenicus ist in diesen Fällen in der Fossa supraclavicularis häufig druckempfindlich.

Aus dem Verhalten des dorsalen Peritoneum parietale ist die relative Schmerzlosigkeit der retrocoecalen Perityphlitis verständlich.

4. Verwachsungsstränge können nach Kinsella nur dann Schmerz bedingen, wenn sie in einem relativ umschriebenen Bezirk ansetzen und gleichzeitig eine gewisse Beweglichkeit der adhaesiven Viscera gewährleisten. Durch Peristaltik und Verlagerung kann daher Zug und damit Schmerz bewirkt werden.

Unsere Beobachtungen bestätigen und ergänzen Kinsellas Vorstellungen. Die Voraussetzung für verwachsungsbedingten Schmerz ist, daß das Peritonealblatt von seiner Unterlage abgezogen werden kann.

Demnach muß — außer den von KINSELLA bereits genannten Bedingungen — das Peritoneum zart, unverschwielt und der Verwachsungsstrang relativ fest sein. Darüber hinaus wird der Empfindlichkeitsgrad von den im Abschnitt Peritoneum genannten Bedingungen beeinflußt. Da die Entzündung als Ursache von Verwachsungen meist auch zur Verdickung des Peritoneum führt, bestätigt sich die chirurgische Erfahrung, daß Adhaesionen relativ selten die Ursache für abdominale Schmerzen sind.

5. Die großen Aufhängebänder der Bauchhöhle sind — soweit uns die Literatur zugänglich war — bisher nicht auf ihr sensibles Verhalten untersucht worden.
Das *Lig. teres* ist — besonders im parietalen Drittel — etwa in gleicher Weise empfindlich wie das Peritoneum in Zone I. Klinisch-diagnostisch ist dies insofern bedeutsam, als bei der Palpation Schmerz ausgelöst werden kann. Sensibilisiert durch unsere laparoskopischen Beobachtungen fanden wir ihn durchaus häufig, umschrieben im Ansatzgebiet des Lig. teres, evtl. ins Epigastrium ausstrahlend. Gallenblase und Leber brauchen dabei nicht druckempfindlich zu sein, wenn auch gleichzeitige Entzündung dieser Organe die Empfindlichkeit des Lig. teres zu erhöhen scheint.
Die *Plica colico-phrenica sinistra* ist entsprechend der Zone II/III des Peritoneum weniger empfindlich. Jedoch vermag auch hier palpatorisch tiefer Druck im linken lateralen Hypochondrium, durch welchen die linke Colonflexur nach medial-caudal gezogen wird, Schmerz auszulösen, der bei peritonitischer Irritation gesteigert wird. Auch Blähungen oder heftige Peristaltik der Flexura coli lienalis können wahrscheinlich ziehende Schmerzen über diesen Mechanismus bedingen. Dafür spricht, daß zwei Probanden die experimentell ausgelösten Sensationen spontan als Empfindungen „wie bei Blähungen" charakterisieren.

6. Auch über die Sensibilität von Urachus, Ligg. umbilicalia sowie die Vesica urinaria (bei peritonealer Reizapplikation) fanden wir keine Mitteilungen.
Das Verhalten dieser Gebilde entspricht der Zone I des Peritoneum. Die lokalisatorischen Verhältnisse weichen jedoch bei einigen Probanden ab. Häufig werden Sensationen innerhalb des Traktes Urachus–Vesica urinaria–Penis–Testes ausstrahlend oder projiziert, d. h., ohne gleichzeitige Empfindung am Reizort, angegeben. Die Erklärung möchten wir entwicklungsgeschichtlich in der foetalen Funktionseinheit von Urachus und Blase sehen.
Der von einigen Probanden angegebene Hodenschmerz ist kein echter visceraler Schmerz. Dieser müßte entsprechend der Herkunft der Testes und ihrer nervalen Versorgung aus D 10 hochlumbal empfunden werden. Der Schmerz dürfte vielmehr in die Tunica vaginalis projiziert sein, welche ja als Teil des Peritoneum beim Descensus mit ins Scrotum genommen wird.

Die Projektion von Sensationen bei intraabdominaler Reizapplikation in den Penis ist zunächst nicht zu deuten.
Klinisch erscheint es auf Grund dieser Ergebnisse möglich, daß Verwachsungen und Entzündungen im Hypogastrium Miktionsdrang oder Schmerzen bedingen, deren Ursprung fern vom Projektionsort liegt.

Literatur

[1] Airapetjanz, E. S.: Die höhere Nerventätigkeit und die Rezeptoren der inneren Organe. Moskau-Leningrad, 1952 deutsch, Berlin: Verlag Volk und Gesundheit.

[2] Bentley, F. H. u. R. H. Smithwick: Visceral pain produced by balloon distention of the jejunum. The Lancet Sept. 28, (1940), 389, Intestinal pain Lancet **28**, 239 (1940 II).

[3] Bier, A.: Versuche über Cocainisierung des Rückenmarks. Dtsch. Zschr. Chri. **51** (1899) 1906.

[4] Braun, W.: Nervendurchschneidung zur Bekämpfung schwerer Reizzustände des Magens. Zbl. f. Chir. **120**, 1038 (1921).

[5] Breslauer, F.: Zur Beeinflussung der Entzündung durch Anaesthesie. Zbl. Chir. **47**, 1104 (1920). — Die Sensibilität der Bauchhöhle. Beitrag Klin. Chir. **121**, 301 (1921).

[6] Brüning, F. u. E. Gohrbandt: Ein experimenteller Beweis für die Schmerzleitung durch den Sympathicus. Zschr. ges. exp. Med. **36**, 164 (1923).

[7] Bykow, K. M.: Großhirnrinde und innere Organe. Berlin 1952: VEB Verlag Volk und Gesundheit.

[8] Cannon, B. A method of stimulation autonomic nerves in the unanaesthetized cat with observations on the motor and sensory effects. Amer. J. physiol. **105**, 366 (1933).

[9] Capps, J. A., unter Mitarbeit von G. H. Coleman: An experimental and clinical study of pain in the pleura, pericardium an peritoneum. New York 1932: The Macmillan comp.

[10] Chernigowsky, V. N.: On cortical representation of the internal organs. Rapports au XX Congrès international des Physiologistes à Bruxelles 30. VII. bis 4. VIII. 56. Moskau 1956: Akademie-Verlag.

[11] Engelhorn: Zur Frage der Sensibilität der Bauchorgane. Zschr. Geburtshilfe Gynäk. **69**, 66 (1911).

[12] Felix, W.: Anatomische, experimentelle und klinische Untersuchungen über den Phrenicus und über die Zwerchfellinnervation. Dtsch. Zschr. Chir. **171**, 283 (1922). — Diskussionsbeitrag zum Vortrag G. v. Bergmanns. 46. Kongr. Dtsch. Ges. f. Chir. im Arch. f. klin. Chir. **121**, 190 (1922).

[13] Foerster, O.: Die Leitungsbahnen des Schmerzgefühls und die chirurgische Behandlung der Schmerzzustände. Berlin–Wien 1927.

[14] Fröhlich, u. Meyer: Die sensible Innervation von Darm und Harnblase. Wien, Klin. Wschr. 29, 1912.

[15] Gernandt, B.: Pain conduction in the phrenic. nerve. Acta physiol. Scand. (Stockholm) **12**, 255 (1947).

[16] Goldscheider, A.: Das Schmerzproblem. Berlin 1920, Handbuch norm. u. pathol. Physiol. XI, 181. Berlin 1926.

[17] Haertel, F.: Die Lokalanesthesie. Stuttgart 1916: Enke.

[18] Hess, W. R. u. W. H. v. Wyss: Beitrag zur Kenntnis der Eingeweidesensibilität. Pflügers Arch. ges. Physiol. Menschen Tiere **194**, 205 (1922).

[19] Hoche, A. E.: Vom Sinn des Schmerzes. München 1936: J. F. Lehmann.

[20] JONES, C. M.: Digestive tract pain; diagnosis and treatment; experimental observations. New York 1938: Macmillan.

[21] KAPPIS, M.: Beiträge zur Sensibilität der Bauchhöhle. Mitt. Grenzgeb. **26**, 493 (1913). — Die Sensibilität der Bauchhöhle. Klin. Wschr. **124**, 2041 und 2089 (1925). — Die Chirurgie des Schmerzes. Med. Welt **12**, 37 (1938).

[22] KAST, L. u. MELTZER, S. J.: Die Sensibilität der Bauchorgane. Mitt. aus d. Grenzgeb. Med. und Chir. **19**, 586 (1909).

[23] KINSELLA, K. J.: The mechanism of abdominal pain. Sidney. Australasian medical publishing Company limited, 1948. — Sensibility on the abdomen. Brit. Jl. of Surg. Vol. 27 (1940).

[24] KRAUTWALD, A. u. F. RENGER: Röntgenol. Darstellung der Bauchorgane nach Pneumoperitoneumanlage als Voruntersuchung zur Laparoskopie. Das Dtsch. Gesundheitswesen **7**, 841 (1952).

[25] KULENKAMPFF, D.: Zur allgemeinen Diagnostik der Baucherkrankungen; die differentielle Diagnose mesenterieller und peritonealer Symptome. Dtsch. med. Wschr. **46**, 377 (1920). — Zur allgemeinen Bauchdiagnostik. Dtsch. med. Wschr. **47**, 1022 (1921). — Was fühlen wir im Bauche. Dtsch. med. Wschr. **47**, 1056 (1921). — Zur speziellen Diagnostik der Bauchkrankheiten. Über mesenteriale und peritoneale Appendicitis. Dtsch. med. Wschr. **49**, 274 und 349 (1923).

[26] LENNANDER, K.: Beobachtungen über die Sensibilität der Bauchhöhle. Mittlg. Grenzgeb. Med. u. Chir. **10**, 38 (1902). — Weitere Beobachtungen über die Sensibilität in Organ und Gewebe und über lokale Anaesthesie. Dtsch. Zschr. f. Chir. **73**, 297 (1094). — Abdominal pain, especially pain in connection with ileus. J. Amer. Med. Ass. (1907), 1013.

[27] LERICHE, R.: La Chirurgie de la Douleur. Paris 1940.

[28] LEWIS, T. u. J. G. KELLGREN: Observations relating to referred pain, viscero-motor reflexes and other associated phenomena. Clin. Sci. Vol. IV, June, **47**, 1939.

[29] MACKENZIE, J.: Symptoms and their interpretation. 4th ed. London 1920: Shaw und Sons.

[30] MEYER, A. W.: Experimentelle Untersuchungen über die Sensibilität von Magen und Darm. Dtsch. Zschr. f. Chir. **151**, 153 (1919).

[31] MORLEY, J.: Visceral pain and referred pain. Lancet **1**, 895, 1926. Abdominal pain. New York 1931: William Wood a. Co.

[32] MÜLLER, L. R.: Über die Empfindungen in unseren inneren Organen. Mitt. Grenzgeb. Med. u. Chir. **18**, 600 (1908).

[33] NEUMANN, A.: Zur Frage der Sensibilität der inn. Organe. Zentrbl. f. Physiol. **24**, 1213 (1911). — Über die Sensibilität innerer Organe. Zbl. f. Grenzgeb. d. Med. u. Chir. **13**, 401 (1910). — Zur Frage der Sensibilität der inn. Organe. Zentrbl. f. Physiol. **26**, 277.

[34] NOTHNAGEL, H.: Zur Pathogenese der Kolik. Arch. f. Verdauungskrankh. **11**, 117.

[35] PROPPING, A.: Zur Frage der Sensibilität der Bauchhöhle. Bruns Beitr. **63**, 696.

[36] RAY, S. B. u. CH. L. NEILL: Abdominal visceral sensation in man. Anns. of Surgery **126**, 709 (1947).

[37] RITTER, C.: Experimentelle Untersuchungen der Bauchhöhle. Arch. klin. Chir. **90**, 389 (1909).

[38] TYRELL, H. u. H. GRAY: Obscure intestinal colic. Brit. med. Jl. **1**, 253 (1922).

[39] VOSSCHULTE: Grundlagen der Schmerzbekämpfung und Schmerzausschaltung. Berlin-München 1949: Verl. Urban u. Schwzbg.

[40] WILMS: Sensibilität und Schmerzempfindung der Bauchorgane. Dtsch. Zschr. Chir. **100**, 372 (1909).

[41] WRIGHT, SAMSON: Applied physiology. London 1956: Oxford Publications

[42] Zotterman, Y. u. H. Hensel: The response of mechanoreceptors to thermal stimulation. J. Physiol 115, 16 (1951).
[43] Zotterman, Y. zus. mit Gernandt, B.: Intestinal pain: An elektrophysiol. investigation on mesenteric nerves. Acta physiol. Scand. (Stockholm) 12, 56 (1947).
[44] Lipkin, M. u. M. Sleisenger: Studies on visceral pain: measurements of stimulus intensity and duration associated with the onset of pain. Journal of Clin. Investigation Vol. 37 (1658) 28—34.
[45] Ramström, M.: Über die Funktion der Vater Pacinischen Körperchen. Mitt. a. d. Grenzgeb. d. Med. u. Chir. (1908) XIII 314.
[46] Iverson u. Roholm, zit. bei Kalk, H. und W. Brühl. Leitfaden der Laparoskopie u. Gastroskopie. Thieme. Stuttg. 1951.

Summary

The present study on the sensibility of intraabdominal organs was undertaken in the course of 36 laparoscopies in 34 patients. Thermal, galvanic and mechanical stimuli were applied under endoscopic control.

The liver showed itself—contrary to former observations—in some patients to be very sensitive to pain. During biopsy serosal as well as parenchymal pain was observed independently of each other. In the intact serosa circumscribed tension and abrasion caused pain. The scarred serosa was sensitive. The liver parenchyma proved to be pain sensitive in 89 of 254 biopsies. The localization of liver pain was preferentially in the depth of the epigastrium, sometimes in the dorsal area (12th thoracic vertebra).

The spleen was insensitive to any forms of stimuli. The peritoneum showed regionally different grades of sensitivity. In addition to pain pressure was also perceived. It was localized preferentially in the area of stimulation, in some patients at the level of the umbilicus.

The ligamentum teres was sensitive particularly in the parietal and visceral third; the plica colicophrenica sinnistra responded only to tension. The sensations were localized as follows: from the ligamentum teres preferentially in the epigastrium, from the plica colica to the left costal margin.

Strings of adhesions caused pain, when they effected a certain tension on the unscarred peritoneum. Urinary bladder, urachus and ligg. umbilica lat. behaved similarly to the peritoneum. Occasionally however sensations were localized atypically in the area of the genital tract.

Резюме

Эти исследования о чувствительности внутрибрюшинных органов были проведены в течении 36 лапароскопий на 34 больных. При этом проводились температурные, гальванические и механические раздражения при эндоскопической контроли.

В противоположность к некоторым прежним наблюдениям оказалась печень у части больных очень чувствительной к боли. При цилиндрической пункции исследовалась отдельно чувствительность серозы и паренхима. Щимление и царапание серозы вызывает боль. Зарубцованная сероза была также чувствительна. Паренхим печени оказался при 89 из 254 пункций чувствительным к боли. При этом чувствовали больные в глубине надчревной области боль, в отдельных случаях в спине (в 12-ом позвонке).

Селезёнка оказалась нечувствительной ко всем формам раздражения. Peritoneum parietale давала в разных местах различную чувствительность к давлению. Боль локализировалась на месте раздражения, у некоторых больных на высоте пупка.

Ligamentum teres была в особенности в париетальной и висцеральной трети очень чувствительна, Plica colicophrenica sinistra была чувствительна только к тяге. Раздражения Ligamentum teres локализировались главным образом в надчревную область, раздражения Plica colica под левыми ребрами.

Срастания брюшины вызывали боль, если через них тянулась остальная брюшина. Мочевой пузырь, урахус и Ligg. umbilia lst. вели себя похоже как брюшина. В этих случаях локализировались больными боли атипично в области генитального тракта.

Acta biol. med. germ., Band 4, Seite 190—215 (1960)

Aus der II. Medizinischen Universitätsklinik und Poliklinik der Charité, Berlin
(Direktor: Prof. Dr. A. KRAUTWALD)

Laparoskopische Untersuchungen über das sensible Verhalten von Gallenblase, Magen-Darmkanal und Omentum majus am Menschen

F. RENGER

(Eingegangen am 12. 10. 1959)

Zusammenfassung

Die *Gallenblase* erwies sich im Bereich der Serosa auf mechanische Reize erst nach mehrmaligen Reizapplikationen als sensibel. Galvanische Reize führten weniger konstant zu Sensationen; thermische Reize wurden nicht wahrgenommen. Die Empfindlichkeit war am Infundibulum wesentlich größer als am Fundus. Zug an der Leber-Gallenfixierung löste Zuggefühl oder Schmerz aus. Das Ausdrücken der Gallenblase verursachte bei entzündlichen Gallenwegen Schmerz, bei klinisch intakten Cholangien Ziehen oder Druckgefühl.

Drucksteigerung im Gallensystem bedingte Druckgefühl mit wechselnden Schmerzkomponenten. Die Empfindlichkeit war bei chronischer Abflußbehinderung vermindert. Drucke unter 30 cm Wasser lösten niemals Sensationen aus.

Cysticus und Choledochus waren gegenüber Drucksteigerung empfindlicher als Corpus und Infundibulum.

Die Lokalisation der Sensationen infolge Drucksteigerung erfolgte einheitlich ins Epigastrium, bevorzugt rechts. An der Serosa ausgelöste Sensationen wurden überwiegend in das Gebiet des Lig. teres und falciforme lokalisiert, verschiedentlich in den Magen oder auch richtig in die Gallenblase.

Am *Ventrikel* war die Schmerzempfindlichkeit am Pylorus maximal, nahm über Antrum zu großer Curvatur ab und war an der ventralen Serosa des Corpus sehr gering. Serosaverschwielungen mindern die Sensibilität, entzündliche Reizzustände — auch an Nachbarorganen — steigern sie. Die Sensationen — Druckgefühl, Übelkeit, Schmerz — wurden überwiegend ins Epigastrium, z. T. „in den Magen" lokalisiert.

Das *Ileum* blieb auf die angewendeten Reizformen insensibel. Am *Colon* ergab ein Teil der galvanischen und mechanischen Reize Druckgefühl oder Schmerz. Die Sensationen wurden ins Epigastrium lokalisiert.

Die entzündungsfreie *Appendix* hat auf wiederholte Berührung und auf Druck mit Schmerz am McBURNEYschen Punkt geantwortet.

Das *Omentum majus* war auf mäßige Anspannung, besonders bei Einbeziehung ausgedehnter Netzbereiche und größerer Gefäße, empfindlich. Die Probanden gaben Druck, Ziehen, Hungergefühl oder Schmerz mit uneinheitlicher Lokalisation an.

Wiederholung leichter, zunächst unterschwelliger Reize führte zu Sensationen, meist zu Schmerz. Gefäßnahe applizierte Reize werden leichter wahrgenommen als gefäßferne. Die bisherige Vorstellung vom „borrowed local sign" kann nicht aufrecht erhalten werden. Sensationen können richtig in Gallenblase oder Appendixgegend lokalisiert werden, auch ohne daß eine gleichzeitige Reizung des Peritoneum parietale vorliegt.

I

Die Sensibilität von Gallenblase und Verdauungstrakt wurde bisher am Menschen durch Reizapplikation bei eröffneter Bauchhöhle im Verlaufe operativer Eingriffe geprüft oder durch thermische und Dehnungsreize vom Lumen des Magen-Darmkanals mittels Ballonsonde. Die Lokalisation bzw. Projektion der Sensationen ließ sich darüber hinaus vor und nach ein- oder beidseitiger Unterbrechung von Splanchnicusästen kontrollieren. Unter Anwendung dieser Methoden ergab sich folgendes Bild:

Die Schmerzempfindlichkeit von Gallenblase und Gallenwegen wird z. T. widersprechend beurteilt. Von den neueren Untersuchern, die mit Reizen von der Serosa her am operativ eröffneten Abdomen prüften, fanden RAY und NEILL [18], daß faradische und mechanische Reize wie Berührung, Zug und Druck an der Gallenblase nicht empfunden wurden, nach KINSELLA [18] hingegen war direkte Palpation schmerzhaft sowie faradische Reizung an den Gallengängen. Die extrahepatischen Gallengänge wurden von allen Untersuchern übereinstimmend sehr empfindlich gefunden gegen Berührung, Klemmen und Unterbindung. Die Schmerzempfindlichkeit auf Drucksteigerung im Hohlsystem wurde postoperativ an Fisteln (NUBOER [14]) oder sub operationem (CAROLI [4], GUY-MALLET [6], HESS [19]) verschiedentlich geprüft und die Schmerz- bzw. Kolikgrenze bei 27—30 cm Wasser gefunden.

Dem Magen–Darm-Trakt wurde von früheren Autoren (LENNANDER [18], MACKENZIE [18], MORLEY [18], WILMS [40]) eine Schmerzempfindlichkeit abgesprochen. Nach neueren Untersuchungen, besonders von BENTHLEY und SMITHWICK [18], KAPPIS [18], KINSELLA [18] und anderen, antworteten die Hohlviscera auf grobmechanische Reize an der Serosa mit Schmerz. Ihre Empfindlichkeit wurde allerdings sehr gering und nur dann nachweisbar gefunden, wenn „eine genügend große Zahl der relativ spärlichen sensiblen Nervenfasern mit ausreichender Intensität gereizt wird" (KINSELLA [18], PROPPING [18]). Stärker schmerzempfindlich waren die Viscera in der Nähe von Blutgefäßen, offenbar, weil dort die sensiblen Fasern in größerer Zahl verlaufen (V. HOFFMANN [8], KULENKAMPFF [18], KAPPIS [18], LAACHE [12] u. a.). Weiter geht entzündliche Irritation nach den Ergebnissen der meisten Autoren mit einer Steigerung der Empfindlichkeit einher.

Vom Lumen des Magen–Darm- und Gallentraktes aus appliziert können Dehnungsreize Druck- oder Spannungsgefühl bedingen, solange die angewendeten Druckwerte sich etwa innerhalb physiologischer Grenzen bewegen. Extremere Drucke — wie auch alle mechanischen und faradischen Reize — machen Schmerz. Wärme- und Kältereize werden nur bei großflächiger Applikation vom Lumen her und außerhalb bestimmter Grenzwerte erkannt: am Magen außerhalb 18°/40° C und am Colon 0°/43° C (AIRAPETJANZ [18]). Mit zunehmender Entfernung von diesen Werten geht die Temperaturempfindung in Schmerz über (RAY und NEILL [18], LIPKIN und SLEISENGER [18], WOLF und WOLFF [17] u. a.).

Das Omentum majus ist gegen grobmechanische Reize insensibel. Lediglich Zug an der posterioren Aufhängung sowie Gefäßunterbindungen werden als schmerzhaft beschrieben (KAPPIS [18], KINSELLA [18], PROPPING [18], RITTER [18] u. a.).

Die Lokalisation echter viscerogener Schmerzen erfolgt in die Tiefe des Abdomen innerhalb des medianen Bereiches. BROWN [1] spricht vom Magen–Darm-Trakt als einem „Organ der Mittellinie". Sowohl von der Serosa als vom Lumen her ausgelöste Sensationen werden (BENTHLEY und SMITHWICK [18], BROWN [1], JONES [18], [KINSELLA [18], RAY und NEILL [18]) gleichartig lokalisiert: vom Magen und Duodenum ins Epigastrium, vom Ileum um den Nabel und vom Colon aus in das Hypogastrium. Verschiedentliche Abweichungen von diesem Schema beschreiben KINSELLA [18], RAY und NEILL [18] für das Coecum sowie die rechte und linke Colonflexur. Von diesen Abschnitten können Schmerzreize annähernd richtig lokalisiert werden. Im Gegensatz dazu fanden F. BRÜNING und E. GOHRBANDT [18], BUCHHOLZ [2], KAPPIS [18] und KÜMMELL [11] auch vom Colon ausgehende Kolikschmerzen ins Epigastrium lokalisiert.

Wenn Patienten Schmerzen bei Appendicitis oder Cholecystitis im Bereich dieser Organe angeben, so wird darin der Beweis für Kontakt bzw. Einbeziehung des Peritoneum in den entzündlichen Prozeß gesehen („borrowed local sign" KINSELLA [18]). Der echte viscerogene Schmerz werde von der Appendix aus in Nabelnähe und von der Gallenblase ausgehend im Epigastrium empfunden.

II

Die Methodik, mittels welcher mechanische, thermische und galvanische Reize an der Serosa der visceralen Hohlorgane appliziert werden, ist bereits in der Mitteilung über das sensible Verhalten von Leber, Milz, Peritoneum usw. geschildert [18]. Im Hinblick auf die Prüfung der Gallenblase sei hier ergänzt, daß Dehnungs- und Druckreize unter manometrischer Kontrolle mit gleichzeitiger Röntgendurchleuchtung (Bildverstärker) bzw. Röntgenaufnahmen appliziert werden. Wir punktierten die Gallenblase am Fundus und verwendeten das von GUY-MALLET [6] für die operative Cholangiographie und -manometrie beschriebene Verfahren, welches von uns für die Laparoskopie variiert und erstmalig angewendet wurde. Unseren Aussagen liegen 23 retrograde Cholecyst-Cholangiographien zugrunde, bei denen aus differentialdiagnostischen Erwägungen dieser Eingriff indiziert war (vgl. RENGER).

III

1. Die Gallenblase antwortete auf *Hitzereize* am Fundus (43° C, 50° C, bis 10 sec Dauer je 2mal bei Prob. Nr. 10 und 17) mit intensiver Peristaltik an Magen und Ileum, ohne daß Wahrnehmungen bewußt wurden. *Galvanische Reize* mit 3,6 Volt/0,6 mA ergaben bei Prob. Nr. 15 (2 sec Dauer) spontane Schmerzen, bei Nr. 20 (bis zu 7 sec Kontakt) keine Sensationen.

Mechanische Reize durch Berühren und Streichen des Fundus mit Sonde wurden bei 12 Probanden etwa 60mal geprüft (Tabelle 1). Die Reize blieben in allen Fällen bis zur 2. und 4. Wiederholung stumm. Bei 5 Probanden wurden die Wiederholungen fortgesetzt und lösten sämtlich Sensationen aus, deren Intensität sich rasch zu heftigem Schmerz steigerte. Andersartige vorausgegangene Reize an der Gallenblase erhöhen die Empfindlichkeit in gleicher Weise. Streichen mit spitzer Sonde wirkt stärker als mit runder.

Tabelle 1

Das sensible Verhalten der Gallenblase bei Berührung und Streichen der Serosa

Prob. Nr.	Serosabeschaffenheit	Zahl der Reize	Sensation
2	grauschwielig und entzdl. vascularisiert	4 × Streichen	keine
3	Serosa zart, grünlich	4 × Streichen	keine
4	Serosa, zart, grünlich	4 × Streichen	keine
5	Serosa o. B.	4 × Streichen	keine
6	Serosa zart	4 × Streichen	keine
20	Serosa getrübt, verdickt, breitflächige Netzadhaesion am caudalen Fundus	3 × Streichen	keine
25	Serosa grauschwielig verdickt	bis 4. Reizversuch ab 5. Reiz plötzlich	indolent schmerzhaft
26	Serosa leicht getrübt, Gallenblase sonst unauffällig	4 × Streichen Kompression macht erneute leichte Reizung durch Streichen bedingt ebenfalls	ohne Sensation Druckgefühl Druckgefühl
28	Serosa grau-grün, leicht getrübt	3 × Streichen	ohne Sensation
30	Serosa grau-grün, leicht getrübt, vermehrte Gefäßinjekt., Pericholecystitis	6 × Streichen bei Reizwiederholung	ziehender Schmerz der zunimmt
31	Serosa grau, verdickt vermehrte Gefäßinjekt. Netzverwachs. am caud. Pol.-Pericholecystitis	1.—3. Reiz, nach Zug an Verwachsung, weitere Berührung u. Streichen	ohne Schmerz zunehmend schmerzhaft
34	Serosa gering getrübt, grau-grün	1.—5. Reiz (zunehmende Intensität, nach Zug an Leber-Gallenfixierung, weitere Berührung	ohne Schmerz schmerzhaft

Kompression der Gallenblase (mit der Kontaktzange) wurde bei 9 Probanden je 3—5mal geprüft und bedingte bei Entzündung des Gallenhohlsystems (3 Probanden) Schmerzen, bei entzündungsfreien Gallenwegen (6 Probanden) in 3 Fällen Druckgefühl oder Ziehen und blieb in 3 Fällen stumm (vgl. Tabelle 2).

Zug an der Gallenleberfixierung bei 4 Probanden durch das Eigengewicht der Gallenblase, indem das Leberdach angehoben wird und in einem Falle durch Zug an einer Verwachsung zwischen Fundus und Colon, löste bei 4 Patienten heftige Sensationen (Druck und Schmerz) aus und

Tabelle 2
Art und Häufigkeit von Sensationen bei Kompression des Corpus der Gallenblase

Prob. Nr.	Klinische Diagnose und Gallensystem	Sensation und Reizfolge
20	Haemosiderinablagerung in der Leber, Parenchymschaden nach Hepatitis. Cholecystitis, -lithiasis, Hydrops.	Berührung mit 6 galvanischen Reizen zunächst ohne Sensation. Danach Kompression: wehenartiger Schmerz langsam an- und abschwellend mit Reizwiederholung zunehmend
22	Lebercirrhose, Cholecystitis	Kompression als erster Reiz — ergibt drückenden Schmerz
26	Bantisyndrom, Zustand n. Milzexstirpation. Gallenblase o. B.	Vorausgegangene 4 Berührungsreize ohne Sensation. Nachfolg. Kompression d. Gallenbl. ergibt sofort Druckgefühl i. d. Gallenbl. (Wiederholung idem)
27	Gallensystem o. B. Hypernephroides Ca. links	Als 1. Reiz: Kompr. d. Gallenblase zunächst indolent (3×). Bei wiederholter schnellerer u. kräftigerer Kompr. zunächst schwaches ziehendes Gefühl, das mit der Reizintensität (Kompr. schneller u. kräftiger) zunimmt, aber ohne schmerzhaft zu werden. Klingt 5—10″ nach den jeweiligen Reiz ab.
28	Mesenteriallymphknoten-Tbc. Gallenwege o. B.	Kompr. als 1. Reiz a. d. Gallenblase zunächst 2× ohne Sensation. Ab 3. Wiederholung Druckgefühl in der Gallenblase
30	Hyperbilirubinaemie nach Hepatitis. Pericholecystitis	Zunächst Berührung und Streichen, die nach Wdh. zieh. Schmerzen bedingen. Kompression löst sofort drückenden Schmerz hinter d. Sternum aus
33	Cirrhosis hepatis mit abakterieller Begleitcholangitis, Biligrafingalle flaue Füllung, sonst o. B. Reflex +. A-Galle Leukoc.	Kompression — als 1. Reiz an der Gallenblase ist (3×) ohne Sensation. Nachfolg. Berührung am Infundibulum ist schmerzhaft
34	Gallenwege röntg. und klinisch vermehrt o. B.	Kompr. — als 1. Reize a. d. Gallenblase — ohne Sensation. Nachfolg. Zug an Gallenbl.-Leberaufhängung schmerzhaft
35	Peritonitis unspezif. chron. bes. re. Unt.-Oberbauch bei chron. Perityphlitis (floride seit 4 Wochen). Gallenblase u. -gänge o. B.	Vollständ. Kompr. d. Gallenblase d. Fundus von lateral u. medial als Erstreiz. 3× keine Sensation

blieb nur bei einem stumm (vgl. Tabelle 3). Die direkte *Punktion* der Gallenblase bei etwa 70 Patienten war schmerzlos, wenn nicht mehr als 4—5 Punktionsversuche unternommen wurden. Mehrfache Wiederholungen können dann Schmerzen auslösen, wenn dabei Druck- oder Zugreize ausgeübt werden. Am Infundibulum ergaben Berührung und

Tabelle 3
Die Wirkung von Zug an der Leber-Gallenfixierung

Prob. Nr.	Diagnose	Art und Ort der Sensation
26	Galle o. B. Banti-Syndrom	promptes Druckgefühl „in der Gallenblase", klingt nach 10 sec ab
27	Galle o. B. Hypernephroides Ca. li.	stechender Schmerz im linken Epigastrium
33	Chron. Hepatitis-Ci. Begleitkatarrh der Cholangien	Starker Schmerz in Nabelnähe
34	Floride Pericholecystitis	Keinerlei Sensationen (die vorausgegang. Reize waren ebenfalls indolent). Nachfolg. war Druck a. Infundibul. schmerzhaft
31	Chron. Hepatitis-Cholangitis. Zug an Omentumverwachsung	Druck mit Schmerzcharakter über dem Herzen und re. lateral zwischen vord. mittl. Axillarlinie in Höhe der 5.—6. Rippe

leichter Druck bei 4 Probanden, daß dieser Bereich bereits auf den ersten Reiz mit heftigen Sensationen reagiert und wesentlich empfindlicher ist als Fundus und Corpus.

Dehnungsreize mit Drucksteigerung im Gallenhohlsystem kamen im Verlaufe von 23 retrograden Röntgenkontrastmittelinjektionen zur Anwendung. Nur 8 Probanden gaben Sensationen in Form von Druck mit wechselnd intensiver Schmerzkomponente an. Tabelle 4 läßt erkennen, daß hierfür nicht dem Füllungsdruck im Verhältnis zum Ausgangsdruck und der effektiven Volumensteigerung die entscheidende Bedeutung zukommt. Sicher ist die Geschwindigkeit, mit welcher die Drucksteigerung erfolgt, von größerer Bedeutung als der absolute Druck. Dies kann zunächst nur erfahrungsmäßig ausgesagt werden, da die Injektionsgeschwindigkeit nicht registriert wurde. Weiter ergibt sich der Eindruck, daß die Gallengänge empfindlicher auf Druck ansprechen als Corpus und Infundibulum der Gallenblase (vgl. Tabelle 5). Hierbei scheint chronische Entzündung und Lithiasis sowie Abflußbehinderung und chronische Drucksteigerung im Hohlsystem die Empfindlichkeit zu vermindern (Tabelle 6). Auch diese Aussage muß zunächst eindrucksmäßig gemacht und noch an größerem Untersuchungsgut geprüft werden.

Die *Art der Sensation* nach Reizen an der Serosa läßt gewisse Schlüsse auf den Zustand der Gallenblase zu. Bei Entzündung wird Schmerz häufiger empfunden, während die Patienten ohne klinisch gesicherten entzündlichen Befund nur Druck oder Ziehen angegeben haben. Hingegen lassen sich zur Serosabeschaffenheit — zart-intakt, getrübt oder verdickt (Tabelle 1) — keine Beziehungen erkennen. Bei Dehnungsreizen charakterisierten die Probanden ihre Sensation als Druck mit wechselnd intensiver Schmerzkomponente.

Tabelle 4. Dehnungsreize durch Druckerhöhung bei manometrisch kontrollierter Kontrastmittelfüllung von Gallenblase und Gangsystem

Prob. Nr.	Durchgängigkeitsverhältnisse	Ausgangsdruck H_2O	Entleerung	Füllung	Volumensteigerung	maximal. Druck H_2O	
759	Cysticusverschluß	10 cm	— 12 ml	+ 18 ml	+ 6 ml	30 cm	mit Sensationen
837	Cysticusverschluß	32 cm	— 40 ml	+ 85 ml	+18 ml	70 cm	
635	Cysticusverschluß		—120 ml	+150 ml	+30 ml		
704	Cysticus-Verschluß		— 40 ml	+ 60 ml	+20 ml		
					Injiz. Kontrastmittelvolumen		
757	Durchgäng. Hohlsyst.	5,5 cm	—	+ 26 ml	(+26 ml)	31 cm	
830	Durchgäng. Hohlsyst.	39 cm	—	+ 82 ml	(+82 ml)	70 cm	
626	Durchgäng. Hohlsyts.		— 14 ml	+ 40 ml	(+26 ml)		
561	Durchgäng. Hohlsyst.		— 55 ml	+ 63 ml	(+ 7 ml)		ohne Sensation trotz hoher Füllungsdrucke
735	Cysticusverschluß	26 cm	— 4 ml	+ 60 ml	+65 ml	68 cm	
776	Cysticusverschluß	15 cm	— 10 ml	+ 19 ml	+ 9 ml	95 cm	
818	Cysticusventilverschluß	34 cm	—154 ml	+170 ml	+16 ml	70 cm	
739	durchgäng.	11 cm	— 5 ml	+ 57 ml	(+52 ml)	61 cm	
883	durchgäng.	18 cm	— 50 ml	+ 80 ml	(+30 ml)	60 cm	

Anmerkung: Die in ( ) gesetzten Werte für Volumensteigerung wurden bei Pat. mit durchgängigen Gallenwegen gemessen. Bei diesen Prob. sind die Füllungsdruckwerte aufschlußreicher als die nur scheinbare Volumensteigerung, da ein Teil des Kontrastmittels ins Duodenum entleert wurde.

Tabelle 5. Häufigkeit von Sensationen bei Kontrastmittelfüllung der Gallenblase bis zum Heisterschen Klappenapparat und bei Füllung einschließlich des Gangsystems

Abschnitte	Sensation mit		Sensation ohne	
Gallenblase mit Infundibulum	Nr. 635	2 Proben	Nr. 735, 740, 820	6 Proben
Gallenblase bis an Heisterschen Klappenapparat	Nr. 739		Nr. 842, 776, 791	
Gallenblase bis zur Cysticusmündung	Nr. 837, 704	6 Proben	—	
Gallenblase mit Choledochus und intrahepatischen Gängen sowie Ductus Wirsungianus	Nr. 830, 757, 526, 561		Nr. 739, 786, 883, 782, 790, 807, 729, 818, 760	9 Proben

Tabelle 6
Die Häufigkeit von Sensationen durch akute Drucksteigerung bei chronischer Stauung im Gallenhohlsystem

Diagnose	mit Sensationen	ohne Sensationen
Gallenwege röntgenol. u. klinisch o. B.	Nr. 561, 757, 759	Nr. 739
Cholelithiasis, chron. Cholecystitis mit Verschluß	Nr. 635, 704	Nr. 735, 740, 776, 791, 820, 842
Cholecystitis, Lithiasis ohne Verschluß	Nr. 526	Nr. 729, 760, 786, 790, 817, 818, 883
Cholecystitis, Cholangitis mit Dyskinesien ohne Steine	Nr. 830	Nr. 782
Koliken bis wenige Tage vor der Untersuchung	Nr. 830	Nr. 782, 729

Die *Lokalisation* der Dehnungsreize (Tabelle 7 und Abb. 1) erfolgte ausnahmslos in das Epigastrium, bevorzugt nach rechts, weniger in die Mitte, seltener nach links. Im Gegensatz dazu wurden die Sensationen auf Reize an der Serosa von der Mehrzahl der Probanden in das rechte Epigastrium nahe dem Ansatz von Lig. teres und Lig. falciforme lokalisiert.

Außerdem aber streuten einige Angaben erheblich in Abschnitte der Myo- und Dermatome D 4/5, 6 und D 9/10. 3 Probanden gaben Druck im Magen an, 3 nannten richtig die Gallenblase. Das Peritoneum parietale war dabei **nicht** mit gereizt worden.

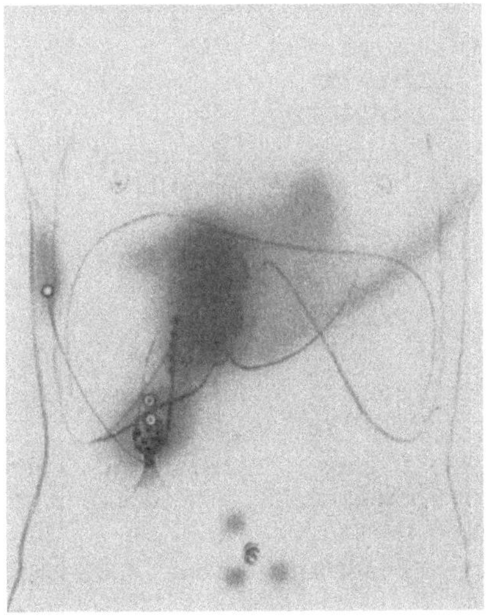

Abb. 1. Gallenblase
Reizstellen •—
Schmerzlokalisation ▪

2. Am Ventrikel wurden im Verlaufe von 21 Laparoskopien bei 20 Patienten 77 verschiedene Reizfolgen appliziert (vgl. Tabellen 8, 9 und 10). Davon blieben 55 stumm, 12 lösten bei 9 Probanden Sensationen in Form von Schmerz, Druckgefühl und Übelkeit aus.

Die angewandten *Reizformen* waren: thermische Reize (5° C, 43° C, 55° C 10—20 sec Dauer), galvanische Reize (3,6 Volt/0,6 mA bis 4,2 Volt/ 0,7 mA 4—12 sec Dauer) und mechanische Reize (Berührung, Streichen, Druck, Kompression, Zug). Sensationen konnten mit allen 3 Reizformen ausgelöst, die Reizarten jedoch **nicht** differenziert werden.

Tabelle 7

Übersicht von Art und Ort des Reizes zu Art und Ort der Sensation (vgl. Abb. 1)
Reize an der Gallenblase

Nr.	Reizort	Reizart	Art der Sensation	Lokalisation
15	Fundus der Gallenblase	galvan.	heftiger plötzl. Schmerz	re. Oberbauch
19	Fundus med.	Berührung, Streichen	wehenartiger Schmerz	Ansatz (pariet.) Lig. teres u. falcif.
20	Corpus der Gallenblase	Ausdrücken	wehenartiger Schmerz langsam anschwellend und abklingend	ohne Lokalisation
28	Infundibulum	Berührung	Druckgefühl	Obb. bes. Ansatz Lig. teres, falcif.
30	Fundus med.	Berührung	ziehender Schmerz	Oberb. bis lat. re. d. caud. Sternumdrittels u. i. Verlauf d. Lig. falcif. u. teres
34	Zug an Gallenleberaufhäng.	Zug	Schmerz	Umschrieben (2 cm²) i. Ansatzgebiet der 5.—6. Rippe re. „in der Tiefe“
30a	Fundus lat.	Berührung, Streichen	ziehender Schmerz	med. an der MCL re. Höhr 5.—6. Rippenansatz
30b	Fundus caud. Pol	Berührung, Streichen	Druckgefühl, zunehmend: leicht nimmt mit Wiederholung zu	Umschrieben (3 cm²) in Proj. d. re. Vorhofes hinter dem Sternum
30c	Fundus medial	Berührung, Streichen	ziehender Schmerz	Caudales Drittel d. Sternum u. re. lateral
25	Fundus caudal u. lateral	Berührung, Streichen	plötzl. stechend, „wie ein Blitz durchgefahren“	Epigastr. li., basaler Thorax bis i. d. mittl. Axillarlinie ausstrahlend
27	Fundus	Kompression	ziehendes Gefühl	Epigastrium Mitte und links
31	Fundus, lateral ventral	Berührung, Streichen	Druck, der mit Wiederholung zum Schmerz wird	„über dem Herzen“
26	Zug an Gallenblasenaufhängung, durch Anheben des Leberdaches		Druckgefühl	„in der Gallenblase“
28	Eindrücken des Gallenblasenfundus		Druckgefühl	„in der Gallenblase“
31	Netzadhaesion/Zug am caudalen Funduspol		Druck, später bei Wiederholung heftiger Schmerz	Isoliert u. umschrieben, re. lateral zw. mittl. u. vord. Axillarlinie, 4., 5. bis 6. Rippe

Fortsetzung: Tabelle 7

Nr.	Reizort	Reizart	Art der Sensation	Lokalisation
22a	Fundus	Kompression	drückender Schmerz	3 cm nach 8 h neben dem Nabel
22b	Fundus	Kompression	drückender Schmerz	8 cm nach 4 h neben dem Nabel
22c	Infundibulum	leichte Berührung	heftiger Schmerz	2 cm neben dem Nabel nach 11 h
33	Gallen-Leberaufhängung	Zug durch Anheben des Leberdaches	Schmerz	4 cm neben dem Nabel nach 4 h

Anmerkung: (zu 33). Der gleiche Punkt war bei vorausgegangenen Reizen am Peritoneum parietale des li. Unterbauches Projektionsort. Er ist auf Fingerdruck schmerzhaft.

Die Intensität der Empfindungen wird durch 3 Faktoren bestimmt: 1. Die Reizform: ansteigend von Berührung über Druck und Kompression zu Zug; galvanische und thermische Reize können noch nicht eingestuft werden. 2. Den Reizort: Der Pylorus ist sehr empfindlich und spricht auf leichteste Reize an, die Antrumregion ist weniger empfindlich, die große Curvatur gering und die ventrale Fläche des Corpus ventriculi kaum empfindlich (Tabelle 8). Proband Nr. 10 empfand nur in Gefäßnähe applizierte Reize. 3. Diagnose und Organbefund: Bei Entzündung des visceralen Peritoneum, wahrscheinlich auch bei florider Cholangitis-Hepatitis ist die Empfindlichkeit gesteigert. Postentzündliche Verdickung der Serosa geht mit Verminderung oder völliger Aufhebung der Sensibilität einher (Tabelle 9).

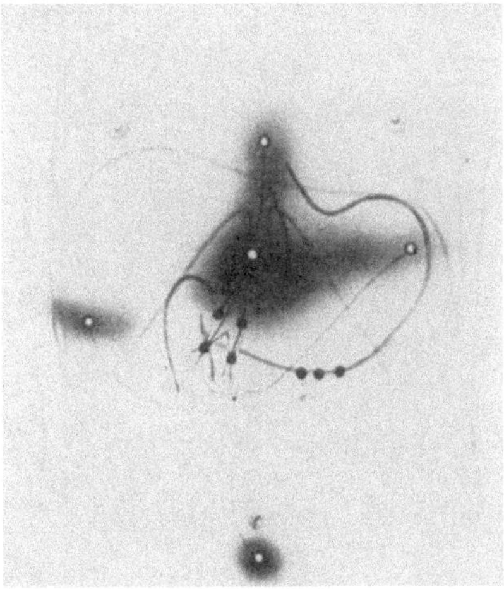

Abb. 2. Ventricel
Reizstellen •—
Schmerzlokalisation ○

Die *Lokalisation* der Sensationen erfolgte bei 5 Probanden in das Epigastrium, bei 2 in den Magen, 3 nannten außerdem Zonen bds. im lateralen Oberbauch bis Thorax, unter dem Sternum und eng umschrieben caudal des Magens (vgl. Abb. 2 und Tabelle 10).

Tabelle 8

Sensible Ansprechbarkeit der einzelnen Magenabschnitte bei den einzelnen Probanden

Reizort: / Reizart:	Corpus, gr. Curvatur: ohne Sens.	Corpus, gr. Curvatur: mit Sens.	Antrum: ohne Sens.	Antrum: mit Sens.	Pylorus: ohne Sens.	Pylorus: mit Sens.	Zahl der Probanden ohne Sens.	Zahl der Probanden mit Sens.
Berührungen (mit Sonde) bei Prob. Nr.	1, 3, 4, 5, 8, 9, 10, 15, 16, 18, 19, 32, 33, 34		9, 18, 20, 28, 29, 32		16, 17, 20, 25, 26	15 27	25	2
Druck bei Prob. Nr.	1, 3, 4, 5, 8, 9, 31, 33	4 31	9, 29	25		26	10	4
Kompression bei Prob. Nr.	1, 3, 4, 5, 9, 33		9, 28	20 25		26	8	2
Zug bei Prob. Nr.	33, 34					25	2	2
galvanisch bei Prob. Nr.	10, 15, 18, 19, 32	10	20, 28, 32				8	1
thermisch bei Prob. Nr.	8				16	17	2	1
Zahl der Prob. ohne und mit Sensationen	36	3	13	3	6	6	55	12

Tabelle 9

Beziehungen zwischen Sensibilität und Diagnose bzw. pathol.-anat. Befund
Diagnose und Sensibilität der Serosa ventriculi

a) 12 Prob. ohne jede Reizwahrnehmung.
Das Peritoneum visc. war reizlos oder verdickt.

Nr. 1, 8, 16, 33, 9	Cirrhosis hepatis
Nr. 29, 34	Hepatosplenomegalie
Nr. 5, 18	chronische Hepatitis
Nr. 32	Siderophilie
Nr. 19, 28	Verdickte Serosa nach Peritonitis

b) 6 Prob. mit hoher Empfindlichkeit zeigten subacut peritonitische Zeichen oder vermehrte Vascularisation an der Serosa ventriculi.

Nr. 10, 15	Hodgkin mit unspezif. subacuter Peritonitis
Nr. 17	chron. Hepatitis und Cholangitis bei Lithiasis
Nr. 20	chron. Hepatitis und Cholangitis rec. Ulcus ventr.
Nr. 25	Perigastritische Verwachsungen mit chron. entzdl. Zeichen
Nr. 31	chron. Hepatitis mit Cholangitis, zarte peritonitische viscerale Adhaesionen

c) 3 Prob. mit mäßiger Empfindlichkeit, die lediglich Druckgefühl angaben.

Nr. 3	chron. Hepatitis — beginnende Cirrhose, chron. Adnexitis und Perityphlitis
Nr. 26	Banti-Syndrom
Nr. 27	Hypernephroides Ca. li.

(Druckgefühl durch verschiedenartige Reize auslösbar, individuell gebunden.)

3. Das Ileum wurde bei 7 Probanden (Nr. 2, 3, 9, 16, 25, 32, 35) geprüft mit: Berührung, Streichen, Druck, Bewegung, Verschieben von Ileumschlingen, Fassen und Kompression; thermisch mit 43° C 2mal 5 sec (Nr. 9) und 55° C bis 15 sec Kontaktdauer (Nr. 16, 35); galvanisch 3,8 Volt/0,6 mA, 4—12 sec (Nr. 32). Keiner dieser Reize löste Sensationen aus. Die örtliche Reizwirkung fand — mit Ausnahme von Nr. 35, wo bei chylösem Ascites die Serosa verdickt war — ihren Ausdruck in Kontraktionen, Hyperaemie und lebhafter Peristaltik.

4. Am Colon nahmen von 10 Probanden 4 alle Reize wahr, 2 nur einen Teil und 4 gaben keinerlei Sensationen an (Tabelle 11a u. b).
Wärme wurde bei Prob. Nr. 15 mit 55° C bis 15 sec Dauer appliziert. Es stellten sich circuläre Kontraktionen ein, aber bis zur 4. Reizwiederholung keine Sensation; nach der 5. gab der Patient ein örtlich und zeitlich definiertes brennendes Gefühl an. Leider ist diese Empfindung möglicherweise verbal induziert worden.
Galvanische Reize mit 3,6 Volt/0,6 mA führten bei 1 Probanden zu Schmerzen. Von einem anderen wurden 4,2 Volt/0,8 mA nicht wahrgenommen.

Tabelle 10
Ventrikel:
Ort und Art des Reizes zu Art und Ort der Sensation

Nr.	Reizort	Reizart	Sensation	Ort der Empfindung	Bemerkungen
10	gr. Curvatur mittl. Drittel	galvanisch 3,6 Volt/0,6 mA	leichter Schmerz		
31	gr. Curvatur mittl. Drittel	kurzer Druck mit Zug am Omentum	Druckgefühl und Schmerz	im Magen unmittelbar caudal des Nabels in fingerkuppengroßem Bezirk sowie gürtelförmig (5 cm breit) von der MCL bis vordere Axillarlinie	Druckschmerzhaftigkeit am Projektionsort in Nabelnähe
		Wiederholung	idem		
25	Antrum mit Verwachsungsstrang	Zug	Schmerz	im Epigastrium	
	Pylorus mit Verwachsungsstrang (Omentum)	Zug mit Anspannung	Schmerz	vom re. Oberbauch durch das Epigastrium in den li. Thorax bis zur vorderen Axillarlinie ausstrahlend	
26	Pylorus	Kompression Wiederholungen	Druckgefühl Steigerung bis Schmerz	im Epigastrium im Epigastrium	
	Praepylorisch. Antrum	Kompression Wiederholungen	Druckgefühl Druckgefühl kein Schmerz	im Epigastrium im Epigastrium	
27	Pylorus	Berührung	Druckgefühl und Übelkeit	im Epigastrium bis 8 cm bds. d. Mittellinie	
15	Pylorusregion	leichte Berührung	heftiger Schmerz	im Epigastrium	
17	Pylorus	43° C 12 Sek.	Schmerz	im Epigastrium	
20	Antrum	leichte Kompression	wehenartiger, ziehender Schmerz	unterm caudalen Sternum sowie bds. davon	
3/4	Corpus an der großen Curvatur	kurzer, kräftiger Druck	„als ob Wasser im Magen hin und her geschubst würde“	„im Magen“	

Tabelle 11a

Art und Ort der am Colon rezipierten Reize zu Art und Ort der ausgelösten Sensation

Prob. Nr.	Reizart	Reizort	Sensation	Projektionsort	Bemerkungen
15	galvanisch 3,6 Volt 3mal/0,6 mA	Flexura hepatica	Schmerz mit Wiederholung zunehmend	Oberbauch, bes. re. Ansatz Lig. teres und re. lat.	
16	55° C bis 15 sec Kontakt	Transvers. mittl. Drittel	bis zur 4. Reizung ohne Sens., bei Wdh. (5.—6.) Wärmegefühl, bis 15″ n. Appl. anhaltend	oberhalb des re. Rippenbogens lat. zw. MCL und vord. Axillarlinie	
18	Kompress. u. Zug, Wdh. mit ansteig. Intensität	Flexura hepat. (stark gebläht)	bis 12. Reiz ohne Wahrnehmung. Dann „brennendes Gefühl"	re. Oberbauch	am Reizort circuläre Kontraktion
21	leichte Berührung 3mal	Übergang Colon desc. i. Sigma	heftiger Schmerz, langsam abklingend	li. oberhalb des Nabels	im Reizgebiet Verwachsungen zur vord. Bauchwand
22	Kompress. 2mal	Colon asc. mittl. Drittel	heftiger Schmerz	Ansatz des Lig. teres an der vord. Bauchwand	Druckempfindlichkeit am Projektionsort
31	leichter Druck; es bleibt eine linsengroße Delle bestehen	2 Haustrien mittl. Drittel Col. transvers.	Druckgefühl in Schmerz übergehend, mit Wdh. zunehmend	von re. Haustrie: über d. Herzen u. parasternal re. Höhe: 5.—6. Rippe, 1 cm Fläche. Von d. li. Haustrie unter Proc. ensif. u. re. lat. zw. vord. und lat. Axillarlinie 6. Rippe	Seitenverkehrte Schmerzprojektion

Tabelle 11b

Reize am Colon, welche nicht wahrgenommen wurden

Prob. Nr.	Reizart	Reizort
3	Berührung, Druck, Palpation	Ascendens, craniales Drittel, Transversum, re. und mittl. Drittel
16*	Berührung, Druck, Palpation	Transversum mittl. Drittel
25	Streichen, Berührung, Druck, Kompression	Flexura hepatica
34	Fassen, Kompression, Zug mit Anspannung des Meso-Coecum	Coecum
27	wie Nr. 34	
18*	wie Nr. 25 und 4,2 Volt/0,7 mA. galvanisch	Flexura hepatica, Transversum re. und mittl. Drittel

* Bei Nr. 16 und 18 wurde ein Teil der Reize wahrgenommen (Tabelle 11a).

Tabelle 12

Omentum majus. Beziehungen zwischen Reizart und -ort zu Art und Ort der Sensation

Prob. Nr.	Reizort	Sensation	Lokalisation
27	Omentum mit Vene mittl. Kalibers li. Unterbauch	ziehendes Gefühl ohne Schmerzcharakter	vom Nabel bis zur Spina iliaca ventralis links
28	Omentum im li. Mittelbauch mit großer Vene	„Manipulation in der Tiefe"	vgl. Abb. 6c
31	Omentumverwachsung am Gallenblasenfundus	Druck mit Schmerzcharakter	über dem Herzen re. lateral zw. vord. und mittl. Axillarlinie 5. bis 6. Rippe
33	Fassen eines Omentumkonvolutes und Druck gegen Peritoneum li. Unterbauch	anfangs ohne Sensation, ab 3. Wiederholung leichter Schmerz	im Nabelfeld, 4 h 4 cm eng umschrieben
34	Omentum im mittl. Unterbauch nahe seinem caudalen Rand mit Gefäßen	„Druck im Magen wie bei Hunger"	konstant bei 6maliger Wdh., keine Steigerung, verschwindet prompt jeweils beim Loslassen

Anmerkung: Die Prob. Nr. 27, 28, 34 nahmen einen Teil der Reize nicht wahr. Bei ihnen ist durch Vergleich der unbemerkten mit den bewußt gewordenen Reizen in gewissem Umfange eine Aussage möglich, welche Bedingungen Einfluß auf das Auftreten von Sensationen durch Zugreize am Omentum majus haben:

Nr. 27: a) Omentum mit Vene — 4 maliger Zug ergibt regelmäßig ziehendes Gefühl;

b) Omentum ohne Gefäße — 4maliger Zug gleicher Intensität im gleichen Bereich bleibt unbemerkt;

c) Wiederholung von a) ergibt gleiche Sensation wie a).

Nr. 28: a) Omentum ohne Gefäße — ohne Sensation;

b) mit einer großen Vene — Sensation wie oben (vgl. Abb. 6c).

Nr. 34: a) Zug am caudalen Omentum im Unterbauch — Hungergefühl;

b) Zug am Omentum etwa 3 cm vom Ansatz große Curvatur ventriculi mit einer Vene — bleibt konstant ohne Sensation;

c) im gleichen Gebiet ohne Vene — ohne Sensation.

Mechanische Reize (Berührung, Druck, Kompression) lösten z. T. Druckempfindung aus, zum Teil Schmerz. Ein Proband gab ein „brennendes Gefühl" an.

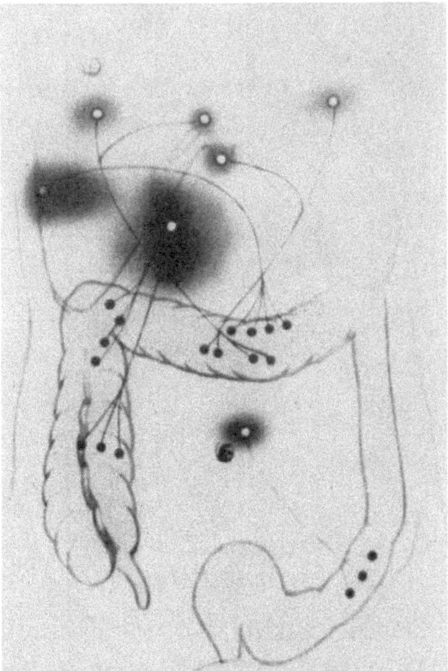

Abb. 3. Colon
Reizstellen •
Schmerzlokalisation ○

Die *Qualität der Empfindungen* wurde einmal als Wärme (55°C Prob. Nr. 15), einmal als „brennendes Gefühl" (auf wiederholte Kompression), einmal als „Druck" (auf Druck) und von 4 Probanden als „Schmerz" beschrieben. Reizwiederholungen steigerten die Empfindlichkeit bei allen Probanden, so daß nur noch Schmerz angegeben wurde.

Die *Projektion* der Wahrnehmungen (vgl. Abb. 3) erfolgt vorwiegend in den Oberbauch, niemals caudal der Nabelhöhe. Verschiedentlich wird der Schmerz weit lateral angegeben, z. T. seitenverkehrt zum Reizort. Vom Descendens im linken Unterbauch wird in einem Falle Schmerz links oberhalb des Nabels angegeben. Die erhebliche Variation, die sich bei den 6 Fällen findet, ist in Abb. 3 dargestellt. Eine gesteigerte Empfindlichkeit findet sich bei subakuten oder chronisch peritonitischen Zeichen und frischen visceralen Verwachsungen.

5. Die Appendix wurde bei 2 Probanden mit mechanischen Reizen (Berührung, Fassen, Druck, Zug) geprüft.

Proband Nr. 34: Appendix reizlos. Patient hat keinerlei Sensationen, auch nicht auf kräftigen Zug, bei dem die Appendix angespannt und das Coecum etwa 4 cm nach caudal bewegt wird.

Proband Nr. 24: Appendix reizlos, langausgestreckt, bis in das kleine Becken reichend (vgl. Abb. 4).

Berührung und Druck sind bis zur 2. Wiederholung stumm. Danach wird mit einer Latenz von 3 sec auf Fassen der Appendix im mittleren Drittel Stechen und Ziehen in der Tiefe im Bereich des McBurneyschen Punktes angegeben. Wiederholte leichte Berührung der Appendix wird jetzt mit „Druckschmerz" beantwortet. Erneutes Fassen weiter proximal bedingt wiederum leichten Druckschmerz. Nachfolgender Zug an der

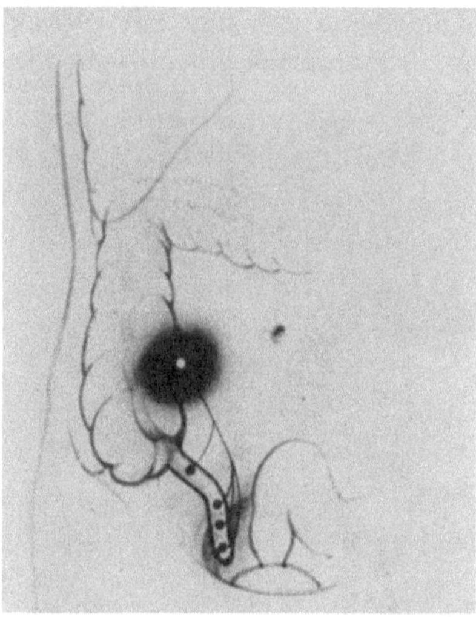

Abb. 5. Appendix
Reizstellen •—
Schmerzlokalisation ○

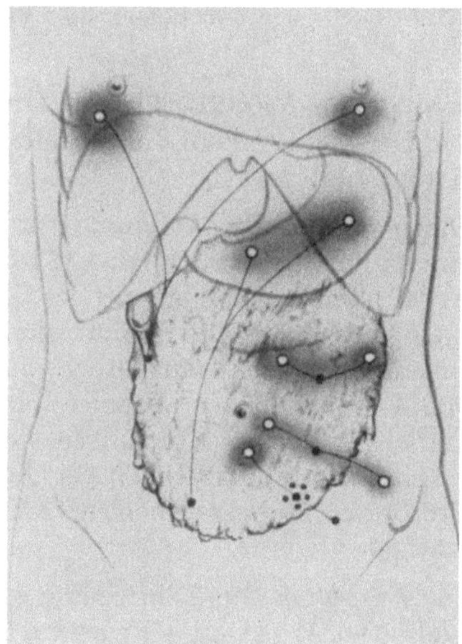

Abb. 4. Omentum majus
Reizstellen •—
Schmerzlokalisation ○

Appendix macht ziehende Sensationen. Ort der Wahrnehmung ist der McBurneysche Punkt. Die Nabelgegend ist frei.

6. Das Omentum majus wurde bei 9 Probanden mit galvanischem Reiz, Fassen, Heben, Verschieben und Zug unter mäßiger Anspannung geprüft (vgl. Abb. 5). Wahrnehmungen konnten lediglich durch Zugreize bei 5 Probanden ausgelöst werden. Zugreiz wurde 42 mal ausgeübt, 21 mal nicht wahrgenommen und 21 mal mit Sensationen beantwortet (vgl. Tabelle 12).

Die Qualität der Empfindung wurde — wie aus Tabelle 12 ersichtlich — von jedem Probanden anders angegeben, war aber individuell konstant: Nr. 27 ziehendes Gefühl ohne Schmerzcharakter, Nr. 28 „Manipulation in der Tiefe des Bauches", Nr. 31 Druck mit Schmerz, Nr. 33 leichter Schmerz, Nr. 34 „Druck im Magen wie bei Hunger".

Die Lokalisation der Wahrnehmungen (Abb. 5) variierte von Patient zu Patient. Eine Gesetzmäßigkeit ist nicht erkennbar. Bedingungen, durch welche Zugreize mit großer Wahrscheinlichkeit zu Sensationen führen, sind: Einbeziehung großer Gefäße und großer Bereiche wie bei Zug an caudalen Abschnitten.

IV

Bei der vergleichenden Diskussion unserer Ergebnisse mit denen früherer Untersucher zeigt sich, daß die laparoskopische Reizapplikation auf Grund der methodischen Besonderheiten einige ergänzende Aussagen gestattet.

1. Am Gallengangstrakt fanden auch die früheren Untersucher übereinstimmend in den einzelnen Abschnitten eine Abstufung der Empfindlichkeit. Nach KAPPIS [18] kann die Cholecyste als insensibel angesehen werden; ihr Hydrops macht daher nie Schmerz. Cysticus und extrahepatische Gallenwege sind reichlich mit Gefäßen versorgt sowie in Bindegewebe eingebettet und daher schmerzempfindlich. Er glaubt, daß die Lokalisation vorwiegend nach dem Epigastrium stattfindet und erklärt dies mit einer Irritation im Ganglion coeliacum. Weniger häufig fand er Schmerzen im Bereich der unteren BWS oder der rechten Schulter. In diesen Fällen nimmt er eine Reizung peripherer, cerebrospinaler dorsaler Nerven bzw. des Phrenicus an. Nach RAY und NEILL [18] erwies sich der Gallenblasenfundus auf manuellen Druck, Zug und faradische Reizung (3—5 Volt) nicht schmerzhaft, KINSELLA [18] beschreibt die Gallenblase als empfindlich auf direkte Palpation. An Cysticus, Cysticusarterie, Choledochus und Pankreaskopf ergaben Zug und faradische Reizung Schmerz, dessen Projektion einheitlich von allen Abschnitten aus ins mittlere Epigastrium erfolgt.

Als adaequater Reiz für das Gallenhohlsystem gilt Dehnung. Die Druckwerte, welche Schmerzen auslösen, werden sehr verschieden angegeben: RAY und NEILL [18] 4 cm Hg = 52,6 cm H_2O, KINSELLA [18] zitiert umfassende Literatur mit Grenzwerten von 7 cm H_2O bis 58 cm H_2O. Tierversuche von COLE [18] sowie JUDD und MANN [10], Untersuchungen am Menschen bei operativen Gallenfisteln (NUBOER [14]) und vor allem ausgedehnte Erfahrungen durch die operative Cholecysto-Cholangio-Radiomanometrie (CAROLI [4], GUY-MALLET [6], W. HESS [19]) haben uns folgende normalen Werte vermittelt:

Kontraktionskraft der Gallenblase	20—30 cm H_2O
normaler Choledochusdruck	12—15 cm H_2O
Sekretionsdruck der Leber in die Gallengänge	bis 30 cm H_2O
Schmerz- und Kolikgrenze	ab 27—30 cm H_2O.

Die Lokalisation der vom Lumen des Gallenhohlsystems her ausgelösten Schmerzen (echter visceraler Schmerz, MORLEY [18]) erfolgt wie der von äußeren Serosareizen in die Mitte des Epigastrium. Erst die Einbeziehung des Peritoneum parietale soll (KINSELLA [18]) zum Schmerz im rechten Hypochondrium führen (borrowed local sign) bzw. bei Beteiligung diaphragmaler Anteile in die entsprechenden cervicalen Segmente (referred pain). Der BOASsche Punkt fand sich nach KINSELLA [18] in 4 von 25 Fällen. RAY und NEILL [18] glauben, daß er die entzündliche Beteiligung oder Lithiasis der großen Gallengänge beweise, besonders des terminalen Choledochus und Sphinkters.

Über die nervöse Versorgung des Gallenhohlsystems teilen RAY und NEILL [18] mit, daß nach rechtsseitiger Sympathektomie alle Teste mit Ausnahme der Gallenblasendehnung Schmerz im linken Hypochondrium ergeben haben, nach links seitiger in der Mittellinie des Epigastrium, nach bilateraler Sympathektomie war kein Schmerz mehr auslösbar. Davis, Pollock und Stone [5] fanden am Hund die Gallenblase nur von visceralen afferenten Fasern versorgt, die im rechten Splanchnicus verlaufen.

Auch wir fanden während unserer anfänglichen Untersuchungen, daß — wie bei Ray und Neill [18] — Gallenblasenfundus und Corpus auf mechanische Reize nicht ansprachen, bis wir mehr als 3—5 Reizwiederholungen setzten. Erst dadurch wird die Schmerzwelle erreicht. Jetzt löst auch zartes Streichen Sensationen aus. Wir möchten annehmen, daß Voruntersucher, die von Insensibilität des Gallenblasenfundus berichten, bei entsprechenden Wiederholungen zu gleichen Ergebnissen gekommen wären.

Das Ausdrücken der Gallenblase machte bei 8 von 9 Probanden Sensationen. Die klinisch gesunden (3) empfanden ein Ziehen oder Druck, die mit entzündeten Gallenwegen dagegen Schmerz. Leichter Zug durch das Eigengewicht der Galle an der Leberfixation wie auch an einem Verwachsungsstrang am Fundus wird sehr schmerzhaft empfunden. Klinisch kann in diesem Zusammenhange Zug durch Verwachsungen mit dem Colon — wie bei einem unserer Probanden — Bedeutung gewinnen.

Die Dehnungs- und Druckreize, welche am Gallenhohlsystem Sensationen auslösen, variieren bei unseren Probanden noch erheblicher als Kinsella [18] sie angibt: in 5 Fällen wurden Werte über 58 cm H_2O nämlich bis 95 cm H_2O ohne Beschwerden vertragen.

Wenn wir außer den 23 bereits veröffentlichten, die inzwischen auf 70 angestiegene Gesamtzahl der laparoskopischen Röntgenuntersuchungen mit Manometrie auswerten, so zeigt sich, daß wie auf äußere Reize so auch auf Dehnung in den verschiedenen Abschnitten des Gallenhohlsystems eine unterschiedliche Empfindlichkeit besteht: Das Corpus ist wesentlich weniger ansprechbar als die großen Gänge. Weiter sind die klinisch gesunden Gallenwege eindeutig empfindlicher als die kranken mit chronischer Druckerhöhung. Letztere haben durch häufige Stauungen offenbar eine Anpassung an höhere Druckwerte erfahren. Vielleicht kann man bei Cysticusventilverschluß in diesem Zusammenhange sogar von einer „paralytischen" Gallenblase sprechen.

Die Lokalisation der Dehnungsreize erfolgt übereinstimmend mit den Voruntersuchern ausschließlich ins Epigastrium, besonders nach rechts. Abweichend fanden wir darüber hinaus eine erhebliche Streuung auf die äußeren Reize, wie sie in Skizze Nr. 1 dargestellt ist.

Entgegen der Meinung von Kinsella [18] zeigen unsere Ergebnisse, daß keine Irritation des Peritoneum vorzuliegen braucht, wenn die Gallenblase als Ort der Empfindung genannt oder gezeigt wird. Der Boassche Punkt oder auch Rückenschmerzen wurden von keinem unserer Probanden angegeben.

2. Über die Schmerzempfindlichkeit des Magen–Darm-Traktes sind vielfach verschiedene Meinungen geäußert worden. Die völlige Empfindungslosigkeit, welche LENNANDER [18], MACKENZIE [18], ENGELHORN [18] u. a. annahmen, ist nach neueren Untersuchungen widerlegt. Besonders KAPPIS [18] und KINSELLA [18] zeigten, daß Schmerzen ausgelöst werden können, wenn eine genügende Zahl der relativ spärlichen sensiblen Nervenfasern in kurzer Zeit mit ausreichender Intensität gereizt wird. Das sei in der Nähe von Gefäßen mittleren und größeren Kalibers leicht möglich, weil sie sich dort angereichert finden. Die Viscera selbst sind außerordentlich spärlich versorgt. Bei der Katze z. B. entspricht nach LANGLEY [13] die Zahl aller afferenten Eingeweidefasern der einer einzigen dorsalen Wurzel. Auf Grund dieser Verhältnisse könne man die gesunden Eingeweide als praktisch insensibel ansehen. Entzündung steigert nach der Ansicht der meisten Autoren die Empfindlichkeit, so daß bislang unterschwellige Reize schmerzhaft waren. Nur A. W. MEYER [18] lehnt dies ab, nachdem er an der Serosa und Wandung des vorgelagerten Darmes bei Tbc., Carcinose und Incarceration keine Schmerzempfindlichkeit auf grobmechanische Reize finden konnte. Auch bei BRESLAUERS [18] Untersuchungen war der entzündliche Ulcusmagen zwar empfindlich auf fehlerhafte Diät, auf mechanische Reize aber insensibel. Als adaequater Reiz wird daher Dehnung und krankhaft gesteigerte Kontraktion der Hohlviscera angesehen. Die von MORLEY [18] und LENNANDER [18] vertretene Vorstellung, wonach bei diesen Reizformen Zug an der Mesenterialwurzel oder Druck gegen das Peritoeneum parietale als alleiniger schmerzauslösender Mechanismus anzunehmen sei, ist nach neueren Untersuchungen widerlegt (KINSELLA [18]). Die bisherigen Untersuchungen durch Reizung von der Serosa her am operativ eröffneten Abdomen oder vom Lumen her mittels Ballonsonden haben folgendes ergeben: Am Magen löste Berührung, Stechen, Schneiden, Reiben und Druck von außen keine Sensationen aus, solange keine Entzündung vorlag (HURST [9], CARLSON [3], KAPPIS [18]). Elektrische Reize wurden nur am visceralen Peritonealansatz perzipiert (RAY und NEILL [18]). Die Lokalisation erfolgt in die Tiefe des epigastrischen Winkels (echter visceraler Schmerz). Je nach dem betroffenen Magenabschnitt variiert der Ort etwas: von Cardia und Fornix gering linksseitig bis praecordial, vom mittleren Magendrittel stärker in den linken epigastrischen Winkel und vom Pylorus sowie erstem Duodenaldrittel median und geringer nach rechts.

Berührung der Mucosa, Bestreichen mit dem stumpfen Ende eines Glasstabes sowie Klemmen und Kneifen wurden nicht perzipiert. Nur an der entzündeten und ödematösen Schleimhaut lösten diese Reize Schmerzen aus.

Vom Lumen her wurden Temperaturen unter 18° C und über 40° C als kalt und warm identifiziert. Nach verschiedenen Autoren werden außerhalb dieser Spanne auch Variationen von mehr als 3° empfunden (WOLF und WOLFF [17], QUINCKE [15] u. a. am Menschen mit Magenfistel, POPOWA-ZAREWA, N. WAASILEWSKAJA u. AIRAPETJANZ [18] am Tier).

Mit der Perzeption der Temperaturen außerhalb von 18° bis 40° C gaben die Versuchspersonen von WOIF und WOLFF [17] sowie RAY und NEILL [18] ein leichtes Schmerzgefühl an.

Faradische Reize bleiben an der gesunden Mucosa ohne Sensation. Die Dehnungsversuche ergaben (BENTHLEY und SMITHWICK [18])bei allmählicher Luftfüllung und einem Volumen von etwa 60 ml Völlegefühl in der Tiefe des Epigastrium. Stärkere Dehnung mit etwa 1500 ml löste einen diffusen Schmerz aus, der bei entspanntem bzw. atonischem Magen weniger deutlich empfunden wurde, als bei kontrahiertem bzw. tonisiertem. Außerdem wurde Nausea angegeben.

RAY und NEILL [18] konnten klären, daß die Fasern aus den oberen $^{2}/_{3}$ des Magens im linken Splanchnicus verlaufen und die aus Pylorus und Duodenum im rechten, vereinzelt fanden sie eine bilaterale Innervation. Beiderseitige Resektion der Grenzstrangganglien von Th 7 bis L 3 hob in jedem Falle alle Schmerzen auf.

Unsere Untersuchungen gestatten, die Ergebnisse früherer Autoren in einigen Punkten zu ergänzen:

Die Schmerzempfindlichkeit bei Reizung von der Serosa her nimmt vom Corpus zum Antrum hin zu und erreicht ihr Maximum in der Pylorusregion.

Entzündliche Erkrankungen — nicht nur am Magen sondern auch an benachbarten Organen (Perigastritis, unspezifische Peritonitis, Cholangitis-Hepatitis) — gehen mit gesteigerter Empfindlichkeit einher. Im Gegensatz dazu wird sie vermindert durch postentzündliche Verschwielung der Serosa.

Als Sensationen geben die meisten Patienten Schmerz an, zum Teil aber auch Druckgefühl, das — besonders nach Wiederholungen — mit Übelkeit und Schmerz verbunden sein kann.

In der von uns applizierten Form konnten thermische Reize nicht differenziert werden. Kälte wurde nicht wahrgenommen, Wärme mit 43° C löste am Pylorus bei einem Probanden Schmerzen aus.

Galvanische Reize lösten zwar Hyperaemie und Kontraktionen eng umschrieben am Kontaktort aus, aber lediglich bei einem Probanden Schmerz und zwar nur dann, wenn die Elektroden in Gefäßnähe lagen. Zug an kleinen umschriebenen Verwachsungssträngen, welcher sich nur der Magenwandung bzw. Serosa und nicht dem Mesogastrium mitteilte, löste Schmerzen aus. Nach mehrfacher Wiederholung war sogar Berührung dieser Adhaesionen schon schmerzhaft.

Die Lokalisation erfolgt vorwiegend in die Tiefe des Epigastrium. Segmental entspricht diese Region dem Medianbereich des Dermatom D 6. Daneben wurden oberflächliche Schmerzen angegeben: median in D 4, D 5; gürtelförmig bds. bis in die vordere Axillarlinie in D 5 bis D 6 und ausschließlich median im Nabelfeld (= D 10).

3. Am Dünndarm haben Dehnungsversuche (Benthley und Smithwick [18], Lipkin und Sleisenger [18], Ray und Neill [18], Ch. Jones [18]) mit der Ballonsonde ergeben:

50 bis 75 ml Luft bei einem Druck von 10—15 mm Hg bedingen deutlichen, aber erträglichen Schmerz. 90—120 ml Luft bei 15—20 mm Hg Druck lösen mäßigen bis heftigen Schmerz aus, während mehr als 120 ml bei 30 mm Hg heftigste, über die Mittellinie hinausstrahlende Schmerzen hervorrufen (Ray und Neill 15 Probanden). Nach Benthley und Smithwick führten Drucke unter 15 mm Hg zu keinerlei Sensationen, jedoch zu einer reflektorischen Vasokonstriktion an den Zehen. Mäßige Dehnung ergab Völlegefühl. Höherer Druck, welcher Schmerzen auslöste, war mit einer reflektorischen Vasokonstriktion auch an den Fingern verbunden sowie mit kräftiger Peristaltik.

Die Lokalisation dieses Dehnungsschmerzes erfolgt vom Duodenum aus in die Tiefe des oberen Epigastrium, bei intensiverem Reiz verbreitert sich der schmerzhafte Bereich zwischen Schwertfortsatz und Nabel. Im Jejunum ausgelöste Schmerzen verhalten sich gleichartig. Vom Ileum aus werden sie ziemlich umschrieben oberhalb des Nabels empfunden. Sehr starke Dehnungsreize breiten sich zunehmend bds. über die Mittellinie aus und nehmen unerträglich krampfenden Charakter an, unabhängig davon, in welchem Darmabschnitt die Sonde liegt. Der Verlauf der afferenten Bahnen wurde vor und nach Sympathektomie studiert. Es ergab sich eine bilaterale Versorgung. Während bei Dehnungsreizen die Sensationen jeweils auf der Seite der Sympathektomie ausfielen, fanden sowohl RAY und NEILL wie BENTHLEY und SMITHWICK bei direkter Reizung im eröffneten Abdomen häufig die Tendenz zur kontralateralen Lokalisation des Schmerzes. Beidseitige Sympathektomie führte zur völligen Aufhebung der Schmerzen.

Bei unseren Untersuchungen erwies sich das Ileum auf die an der Darmserosa applizierten Reize als insensibel. Wir beobachteten zwar intensive örtliche Reaktionen auf die galvanischen und die Wärmereize, Sensationen wurden jedoch von den Probanden verneint. Bei verschwieltem Peritoneum viscerale ist die Reizwirkung offenbar vermindert, örtliche Reaktionen sind dann nur gering oder gar nicht zu beobachten. Im Verhältnis zu den anderen Abschnitten des Magen-Darmtraktes imponiert das Ileum als praktisch insensibel.

4. Das Colon wurde auf mechanische Reize wie Schneiden, Stechen, Druck und Brennen insensibel gefunden. Dehnung ist auch hier der adaequate Reiz. Weiterhin können Temperaturen außerhalb 32° F (= 0° C) und 110° F (= 43° C) vom Lumen her appliziert als kalt und warm identifiziert werden. Die Projektion von Sensationen soll nach BENTHLEY und SMITHWICK [18], JONES [18], KINSELLA [18], RAY und NEILL [18] immer ins Hypogastrium erfolgen, öfter neben der Mittellinie und diffus, unscharf begrenzt. Deutliche Beziehungen zum Reizort bestünden nur an 3 Punkten: der rechten und der linken Flexur sowie dem Sigmoid. KINSELLA [18] möchte diese als parietal-somatisches „borrowed local sign" erklären, während RAY und NEILL [18] fanden, daß diese Lokalisation nach Sympathektomie verloren ging, also nicht durch Kontakt und Reizung des Peritoneum bedingt ist. Bei Zug am Transversum, ohne das Mesocolon zu beteiligen, wurde Schmerz angegeben und das Gefühl verhaltener Winde im Epigastrium, bei Einbeziehung des Mesocolon am Transversum Schmerz im Praecordium (KINSELLA [18]).

Nach BRÜNING und GOHRBANDT [18], BUCHHOLZ [2], KAPPIS [18] und KÜMMELL [11] werden vom Colon ausgehende Kolikschmerzen in die Tiefe der Epigastrium lokalisiert. Die Autoren erklären das mit einer Irritation im Ganglion coeliacum. Diese Deutung wird von BROWN [1] und KINSELLA [18] mit der Begründung abgelehnt, daß die schmerzleitenden afferenten Fasern in den großen Ganglien keine Unterbrechung erfahren. Andererseits haben F. BRÜNING und E. GOHRBANDT [18] Kolikschmerzen an Katze und Hund durch Nikotinlähmung der Ganglien ausgeschaltet.

Die Innervation ist nach RAY und NEILL [18] sowie JONES [18] abweichend vom Dünndarm unilateral. In einigen Fällen fand sich eine überkreuzte Versorgung. Bis 16 cm oberhalb des Anus sollen die afferenten Fasern im Sympathicus verlaufen.

Unsere Untersuchungen ergaben:

a) eine wesentlich größere Empfindlichkeit des Colon, als nach den Berichten der Voruntersucher zu erwarten war.

b) Die Lokalisation erfolgte in das Epigastrium, überwiegend auf der Seite des Reizes, in einem Fall vom mittleren Transversum aus über Kreuz.

c) Die angegebenen Sensationen sind Druckgefühl und Schmerz. Sie können durch Berührung, Druck, Kompression, Zug und galvanische Reize ausgelöst werden.

d) Die Empfindlichkeit ist bei entzündlichen abdominalen Erkrankungen, z. B. unspezifischer subakuter Peritonitis, gesteigert.

5. Die Appendix ist nach Kinsella [18] u. a. in gesundem Zustand unempfindlich. Lediglich Zug am Mesenterium wird als schmerzhaft beschrieben. Die entzündete Appendix hingegen sei empfindlich. Der dabei z. B. durch Druck auf die eventrierte Appendix auslösbare echte viscerogene Schmerz wird nach Kümmell [11] 1—2 cm caudal des Nabels, nach Kinsella [18], C. M. Jones [18], Benthley und Smithwick [18] in Nabelnähe empfunden, nach Brüning [18], Kappis [18] u. a. oberhalb des Nabels, weil eine Irritation des Ggl. mesenteric. sup. vorliege. Auch vom Mesenteriolum erfolge die gleiche Lokalisation. Der Schmerz im rechten Unterbauch hingegen gilt als Beweis für die Einbeziehung des Peritoneum in die Entzündung („borrowed local sign").

Unsere Untersuchung zeigt, daß die klinisch gesunde Appendix sehr schmerzempfindlich gegen Druck und Berührung sein kann. Schmerz am McBurneyschen Punkt ist auch ohne Reizung bzw. Beteiligung des Peritoneum möglich. Der echte viscerogene Appendixschmerz wurde in diesem Falle an den McBurneyschen Punkt lokalisiert. Die bisherige Vorstellung über die diagnostische Bedeutung des „borrowed local sign" kann demnach nicht aufrecht erhalten werden. In diesem Sinne sprechen auch Beobachtungen an mehreren Probanden, die Reize an der Gallenblase — ebenfalls ohne Beteiligung des Peritoneum parietale — richtig in die Gallenblase lokalisierten.

6. Das Omentum majus ist nach Lennander [18] und Wilms insensitiv auf grobmechanische Reize mit Ausnahme von Zug an der posterioren Aufhängung. Kinsella [18] konnte bei 5 Patienten sub operationem ebenfalls keine Schmerzen auslösen, lediglich 1 Patient klagte bei einer Ligatur über sehr heftigen Schmerz im Epigastrium, der sogar nach proximaler Novocain-Anaesthesie bestehen blieb. Auch Propping [18] berichtet von lebhaften Schmerzäußerungen bei Massenligatur einer Netzhernie ohne Zugwirkung. In der Regel soll das Omentum keine Schmerzfasern enthalten, so daß Kinsella [18] in den gen. Fällen aberrierende Fasern annimmt. Kappis [18] fand in Tierversuchen das große wie das kleine Netz am Magenansatz und auch weiter zentral prompt schmerzhaft auf Klemmen, Stechen, Schneiden. Terpentin-Injektionen in die Magenwand ergaben dann Schmerz, wenn der Netzansatz erreicht wurde.

Unsere Untersuchungen ergaben auf Zugreize leichter bis mittlerer Intensität Sensationen, welche als Druck, Schmerz oder beides beschrieben wurden. Ein Proband gab Hungergefühl an. Die Dehnung der Omentumschürze in einem möglichst ausgedehnten Bereich ist offensichtlich die wesentliche Voraussetzung. Gefäße mittleren und größeren Kalibers steigern die Ansprechbarkeit. Wir möchten annehmen, daß die Sensationen im Omentum selbst und nicht am Mesenterium ausgelöst wurden, da der Zug keineswegs sehr intensiv war. Die Lokalisation ist sehr uneinheitlich und bedarf weiterer Untersuchungen.

Literatur

[1] Brown, F. R.: The problem of abdominal pain with special reference to the localisation of visceral pain. Brit. Med., May **2**, 543 (1942).

[2] Buchholz, K.: Beiträge zur Klärung des Entstehens der Bauchschmerzen. Dtsch. Zschr. Chir. **181**, 84 (1923).

[3] Carlson, A. J.: Univ. of Chicago press 1917, zit. bei Gottschick.

[4] Caroli, J.: La manométrie biliaire. Sem. hôp. Paris, **43**, 1985 (1946).

[5] Davis, L., L. J. Pollock u. T. T. Stone: Visceral pain. Surg. Gyn. Obst. **55**, 418 (1932).

[6] Guy-Mallet: Étude experimentale des conditions technique de l'exploration manométrique et radiologique peropératoire. Lyon chir. **46**, 661 (1951).

[7] Gottschick: Die Leistungen des Nervensystems. Jena 1952: Fischer.

[8] Hoffmann, V.: Zur Frage der Schmerzbahnen des vegetativen Nervensystems. Dtsch. med. Wschr. **46**, 736 (1920).

[9] Hurst, A. F.: The sensibility of the alimentary canal in health and disease. Lancet 1 S. 1051, 1119, 1187 (1911); The sensibility of the alimentary canal. Brit. med. J. **1**, 415 (1941).

[10] Judd, E. S. u. E. Mann: The effect of removel the gallbladder. An experimental study. Surg. ect. **24**, 237 (1917).

[11] Kümmell: Diskussionsbeitrag zum Vortrag G. v. Bergmanns. Arch. Klin. Chir. **121**, 774 (1922).

[12] Laache: Zur Lehre von den Schmerzen sogenannten vasculären Ursprungs. Dtsch. med. Wschr. **27** (1902).

[13] Langley, J. A.: The autonomic nervous system. Brain **26**, 1 (1903).

[14] Nuboer, J. F.: Studien über das extrahepatische Gallenwegssystem. Frankf. Zschr. Pathol. **41** (1931), 198 u. 454.

[15] Quincke, H.: Über Temperatur und Wärmeausgleich im Magen. Arch. exp. Pathol. **25**, zit. n. Neumann. [18]

[16] Renger, F.: Erfahrungen mit manometrischen und radiographischen Cholezysto-Cholangiographien. Aus Kongreßbericht 2. Tag. md. wiss. Gesellsch. für Röntg. der DDR April 1956, Leipzig, Akademie-Verlag, Berlin.

[17] Wolf, S. u. H. G. Wolff: Human gastric function. New York, Oxford Univ. Press **2** (1947). Zit. bei Kinsella. Pain. Springfield III, Charles C. Thomas 1949.

[18] Übrige Literaturangaben siehe diese Zeitschrift: **4**, 166 (1960).

[19] Hess, W.; Operative Cholangiografie. Thieme, Stuttgart 1955.

Summary.

The serosa of the gallbladder proved to be sensitive to mechanical stimuli only after several applications. Galvanic stimuli caused less often sensations; thermic stimuli were not perceived. The sensitivity of the fundibulum was much greater than that of the fundus. Tension at the point of fixation of the gallbladder to the liver gave rise to sensation of pull or pain. Exprimation of the gallbladder caused pain in the presence of inflamed biliary paths, whereas in clinically intact cholangiae sensations of pull or pressure were perceived.

Increased pressure in the biliary system caused a feeling of pressure with varying admixtures of pain. The sensitivity was decreased with chronic interference of bile flow. Pressures below 30 cm of water never gave rise to any sensations.

Cystic and choledochal ducts were more sensitive to increased pressure as compared with corpus and infundibulum.

Localization of sensations following increased pressure occurred uniformly in the epigastrium preferentially on the right side. Sensations elicited from the serosa were localized predominantly in the area of the lig teres and falciforme; occasinally in the stomach or directly in the gallbladder.

In the stomach the sensitivity to pain was greatest at the pylorus and decreased in the order antrum and greater curvature; it was very small at the ventral serosa of the corpus. Scarring of the serosa decreases, inflammatory irritation increases —even in neighboring organs—the sensitivity. The feeling of pressure, nausea and pain were localized predominantly in the epigastrium partially in the "stomach".

The ileum remained insensible to the applied stimuli. Part of the galvanic and mechanical stimuli applied to the colon caused feelings of pressure or pain. The sensations were localized in the epigastrium. The noninflamed appendix reacted to repeated touch or pressure with pain at Mc Burney's point.

The greater omentum was sensitive to moderate tension, especially if extended areas of larger vessels were involved. The subjects stated to experience pressure and pulling sensations, hunger or pain. The localizations were not uniform.

Repetition of mild stimuli, which were at first below the threshold caused sensations mostly pain. Stimuli applied close to vessels were more early perceived than those distant from vessels. The previous conception of "Borrowed local sign" cannot be upheld. Sensations may be localized directly in the region of the gallbladder or the appendix even without simultaneous irritation of the parietal peritoneum.

Резюме

Жёлчный пузырь в области серозы чувствительный к боли только после нескольких механических раздражений. Гальванические раздражения вели менее надёжно к ощущению боли; температурные раздражения не ощущались. Около воронки была чувствительность гораздо большая, чем в области дна. Тяга на месте сростания жёлчного пузыря с печенью вызывало чувство тяги и боли. Выжимание жёлчного пузыря вызывало при воспалённых жёлчных путях боль, а у клинически здоровых жёлчных путей чувство тяги и давления.

Повышение давления в жёлчном пузыре вызывало чувство давления с изменяющимся болями. При хронической помехе оттока желчи была найдена уменьшённая чувствительность. Давления ниже 30 см. воды не вызывали никогда чувство боли.

Общий жёлчный проток и проток к жёлчному пузырю были более чувствительны к повышению давления, чем сам жёлчный пузырь и воронка.

При повышении давления боли локализировались исключительно в надчревную область, главным образом на правой стороне. В области серозы вызываемые боли локализировались главным образом в область Ligg. teres и falciforme иногда в область желудка, а иногда правильно в область жёлчного пузыря.

У желудка наблюдалась самая большая чувствительность к боли в области привратника, она понижается в области большой кривизны и оказалась очень малой в области брюшной серозы тела. Зарубцевания серозы уменьшают чувствительность, воспалительные раздражения, также вблизи находящихся органов, повышает её. Чувство давления, тошноты и боль ощущаются главным образом в надчревной области, т. е. локализируются в область ,,желудка,,.

Тонкая кишка оказалась при всех раздражениях нечувствительной. Толстая кишка давала при гальваническом и механическом раздражении чувство давления или боли. Оно локализировалось в надчревную область Невоспалённая слепая кишка реагировала при дотрагивании и давлении болью в точке Мек Бернея.

Большой сальник был чувствителен к небольшому натяжению, в особенности при участвии области сальника и больших сосудов. При этом наблюдалось чувство давления, тяги, голода или боли различной локализации.

Повторение лёгких, сперва подпороговых раздражений вело позже к ощущениям, в большинстве случаев к боли. Раздражения вблизи сосудов замечаются скорее, чем раздражения вдали от сосудов. Представления о т. наз. ,,borrowed local sign" не могли быть подтверждены. Ощущения могут правильно локализироватся в области жёлчного пузыря и слепой кишки без одновременного раздражения Peritoneum parietale.

Acta biol. med. germ., Band 4, Seite 216—221 (1960)

Aus dem Institut für Pharmakologie der Friedrich-Schiller-Universität Jena
(Direktor: Prof. Dr. med. habil. H. HOFMANN)

Cortisonabbauhemmung in Rattenleberhomogenaten durch Butenolide und Butenolid-Dipyrin-Kombinationen[1])

K.-H. CHEMNITIUS, M. DOSS und M. KARL

(Eingegangen am 13. 10. 1959)

Zusammenfassung

Mit Rattenleberhomogenaten wurden Untersuchungen über die Cortisoninaktivierung nach Butapyrin, Benzylbutenolid (L_4), Dipyrin, Benzylbutenolid–Dipyrin-Kombination (K_4) sowie nach Kombination dieser Substanzen mit Neostigmin durchgeführt.

Im höheren Dosierungsbereich bestand zwischen Butapyrin und K_4 kein Unterschied. Die gute Hemmung des Cortisonabbaues in der Leber konnte durch die Wirkung in dieser Hinsicht nach L_4 erklärt werden.

Die Kombination mit Neostigmin erbrachte nur bei Butapyrin und K_4 geringere Mehrinaktivierung des Cortison, d. h. eine größere Abbauhemmung, Neostigmin selbst war in dieser Versuchsanordnung unwirksam.

Die physiologische Wirkungsweise der Antirheumatica ist in letzter Zeit eingehend studiert worden. Neben vielen spezifischen Effekten wurde bekanntlich eine Beeinflussung des Hypophysen-Nebennierenrinden-Systems diskutiert, wie sie auch in der Bezeichnung des Adaptationssyndromes bzw. des Streßgeschehens nach SELYE Eingang über die Meinung der Wirkungsweise und der Angriffspunkte von Antirheumatica gefunden hat. Neuerdings haben KERSTEN und STAUDINGER [1] experimentelle Untersuchungen über den Abbau bzw. die Abbauhemmung von endogenem Cortison in der Leber durchgeführt. Sie stellten dabei fest, daß u. a. Phenylbutazon eine spezifische Inaktivierung des Cortison hervorruft.

Die Wirkung von Cortison und anderen Antiphlogistica versuchte man ja in der Art der „endogenen Steroidtherapie" zu erklären (STENGER, THEOBALD und MÖRSDORF [2]). Jedoch haben u. a. DOMENJOZ u. seine Schüler [3] festgestellt, daß die entzündungshemmenden Eigenschaften der Antirheumatica nicht über eine Beteiligung der Hypophyse im Sinne einer Nebennierenrindenaktivierung zustandezukommen braucht. Verschiedene Untersuchungen, u. a. von SEHERS u. THEOBALD [4] haben ergeben, daß allerdings eine funktionstüchtige Nebennierenrinde zur optimalen Wirksamkeit von Antirheumatica notwendig ist.

[1] Herrn Prof. Dr. med. habil. HEINRICH HOFMANN zum 50. Geburtstag

Wenn gewisse Antiphlogistica das aktive Cortison vom Abbau in der Leber schützen können, kann damit das Cortison seine antirheumatischen und sonstigen pharmakologischen Eigenschaften länger und stärker entfalten. Es erscheint daher nicht uninteressant, Untersuchungen dieser Art mit neuen antirheumatisch wirksamen Verbindungen bzw. Kombinationen anzustellen.

Wir untersuchten auf Hemmwirkung im Cortisonabbau in vitro das von uns schon mehrfach studierte α,β-ungesättigte $\Delta^{\alpha,\beta}$-Benzylbutenolid = L 4 sowie dessen Kombination $\overline{aa}$ mit Dipyrin = K 4 [5]—[9] und dieses K 4 mit Vagotonica vom Typ des Neostigmin = K 7 [10] und außerdem reines Neostigmin sowie als Vergleichssubstanz die Kombination von Phenylbutazon mit Dipyrin $\overline{aa}$ = Butapyrin.

Bei dem Benzylbutenolid handelt es sich um eine echte Lösungsvermittlung für das Dipyrin ähnlich dem Phenylbutazon im Butapyrin. Diese Kombinationslösungen haben gegenüber bekannten gleicher Art den Vorteil, daß sie besser verträglich sind, eine weitaus geringere Toxizität aufweisen und durch die reversibel depressiven Eigenschaften der Butenolide die erregenden Wirkungen des Dipyrin antagonisiert werden. Die analgetisch-antipyretisch-antiphlogistische Wirksamkeit ist gut ausgeprägt, wobei eine gute Entzündungshemmung ebenfalls hervorzuheben ist. Die antipyretischen Eigenschaften entsprechen denen bekannter Dipyrin-Kombinationspräparate. Spasmolytische Effekte sind, wie wir aus Untersuchungen verschiedener Kliniken wissen, besonders im Bereich des Urogenitalsystemes gut ausgeprägt.

Methodik

Zum Nachweis des Cortison bedienten wir uns im Prinzip der Methode nach Kersten und Staudinger [1]. Sie beruht bekanntlich darauf, daß papierchromatographisch Cortison aus entsprechenden Leberhomogenatextrakten abgetrennt wird und dieses nach Eluierung im Spektralphotometer quantitativ nachgewiesen werden kann.

Die Höhe des Cortisonabbaues ergibt sich dann aus der Differenz zwischen der bekannten Menge des zugeführten Cortison zur wiedergefundenen Menge des Cortison.

Nach Tomkins und Isselbacher [11] geschieht der erste Schritt zum Abbau des Cortisonmoleküles am Ring A, dabei wird die α,β-ungesättigte Ketogruppe betroffen. Nach diesen Autoren gehen die meisten Cortisonmetabolismen den Reduktionsweg an dieser ungesättigten 4,3-Gruppe zum gesättigten 3-Alkohol, durch ein Enzymsystem der Leber, welches zur Katalyse der Reduktion von Cortison zu Tetrahydrocortison fähig ist. Diese Reaktion, die in einem Verlust der α,β-Ungesättigtheit besteht, kann durch Abnahme der spezifischen Steroidabsorption bei 240 mμ verfolgt werden.

Unter Cortisoninaktivierung in der Leber versteht man also die Hydrierung des Ringes A in 2 nacheinanderfolgenden Schritten. Dabei ist TPNH bzw. DPNH der H-Donator.

Der weitere Abbau des Tetrahydrocortison erfolgt reduktiv zu Pregnan-3,17-diol-11,20-dion oder Pregnan-3, 17, 20, 21-tetrol-11-on oder oxydativ zu 11-Ketoetiocholanolon. Cortison wird auch zu Hydrocortison und dieses zu 11-Hydroxyketiocholanolon metabolisiert. Weiterhin gibt es dann noch eine Vielzahl von anderen, mengenmäßig geringeren Cortisonmetaboliten.

Wir verwendeten im Gegensatz zu KERSTEN und STAUDINGER [1] frisches Rattenleberhomogenat, welches im Verhältnis 1:5 mit eiskaltem SÖRENSEN-Phosphat-Puffer verdünnt wurde. Zur Bestimmung der 0-Werte benutzten wir 100 γ freies Cortison in 0,1 ccm Propylenglykol; bei den Versuchsansätzen: 100 γ Cortison in 0,1 ccm Propylenglykol + Versuchssubstanz (maximal 5-fache Menge des Molekulargewichtes des Cortison[2]) + 9 ccm Leberhomogenat, aufgefüllt auf 10 ccm mit SÖRENSEN-Phosphat-Puffer. Die Inkubationszeiten betrugen 0 und 10 Minuten. Danach Zugabe aequivoluminöser Mengen 100%iges Methanol (10 ccm), anschließend Dialyse[1] gegen 80 ccm 50%iges Methanol. Vereinigung der Dialysate von 3 gleichen Ansätzen (240 ccm). Sodann 3-maliges Ausschütteln mit Chloroform (mit einigen Tropfen 1n HCL). Der gesammelte Chloroformextrakt wurde nacheinander mit 1n NaOH, 1/10 n NaOH und 1/10 n K_2SO_4 gewaschen.

Nach der Waschung Zugabe von etwas wasserfreiem Na_2SO_4 und Filtration durch Faltenfilter Nr. 588[3].

Danach vorsichtiges Eindampfen im Vakuum bei 37° auf dem Wasserbad. Aufnahme des Rückstandes in 2 ccm 3 molarer $CHCl_3$ und Absaugen des Chloroformes im Wasserbad. Dann Aufnahme zur Papierchromatographie in 0,2 ccm Chloroform.

Auftragung von 0,05 ccm dieses Extraktes auf Chromatogrammpapierstreifen von 2,5 cm Breite[3] (2043b Mgl; Papierfolie 4—5 mal durch Aqua dest. gezogen; Trocknung bei 18°). Danach Imprägnierung mit 8%igem Heptanol in Aceton und anschließend abermaliges Trocknen bei 18°. Aufsteigende Chromatographie, Lösungsmittelgemisch = 100 ccm Heptanol auf 1000 ccm Aqua dest., über 15 bis 16 Stunden. Nach Trocknung (18°) der Streifen UV Kontaktfotografie auf Agfa-Kopex-C-Papier bei 240 mμ. Belichtungszeit 4—5 sec. Bestrahlungsabstand 60 cm. Entwicklung des Kontaktpapiers in ADEFO-Entwickler (1—3 Minuten) und anschließende Fixierung (10 min). Abpausen der hellen Hormonflecken von der Kontaktfotografie auf den Chromatogrammstreifen. Ausschneiden und Zerkleinern dieser Flecke. Eluierung der Chromatogrammpapierschnitzel mit 5 ccm Aethylenglykol-Monomethyläther p. a. (30 min). Messung der Extinktion gegen reines Methylglykol im UV-Spektrographen des VEB Zeiss bei 240 mμ, Aufstellung einer Eichkurve. Die Nullwert-Fehler-Grenze der Methodik wurde mit 16% und die untere Grenze für den Nachweis mit 12 γ Cortison bestimmt. Die σ-Werte für die einzelnen Messungen lagen bei $\pm 2\ \gamma$ (nach Abzug des Null-Wert-Fehlers).

Experimentalergebnisse und Diskussion

Die Untersuchungen, die den natürlichen Abbau des Cortison ohne die Beeinflussung der Versuchssubstanzen erweisen sollten, zeigten uns, daß nach 10 Minuten Inkubation bei 37° kein Cortison mehr nachweisbar war und daher vollständig abgebaut sein mußte. Die auf gleiche Weise nicht inkubierten Versuchsansätze ergaben Werte, die an der unteren Fehlergrenze lagen, so daß auch bei diesen Versuchen ein sehr erheblicher bis vollständiger Abbau angenommen werden darf.

Die nach der beschriebenen Methode durchgeführten Versuche mit Dipyrin, L_4, K_4 u. Butapyrin sind im Durchschnitt ihrer prozentualen

[1] Dialysierschlauch Kalle & Co., Wiesbaden.
[2] Dosierung Abb. 1—2 sowie Tab. 1.
[3] Schleicher & Schüll.

Ergebnisse in Abb. 1 und 2 wiedergegeben. (Jede Versuchsreihe bestand aus mindestens 5 Ansätzen.)

Bei Betrachtung der Abb. 1 u. 2 fällt auf, daß die Verbindung K_4 in niederen Konzentrationen geringer wirksam ist als die Vergleichssubstanz Butapyrin. In höheren Konzentrationen ist dagegen eine stärkere Wirkung des K_4 gegenüber der Vergleichssubstanz festzustellen.

Bemerkenswert erscheint, daß L_4 in einer Dosierung von 500 γ fast die gleichen Wirkungen entfaltete wie Dipyrin. Im Dosenbereich von 1000 γ sind adaequate Ergebnisse zu erzielen.

Diese Resultate scheinen den Schluß zuzulassen, daß bei höheren Dosierungen in der Kombination K_4 die auffälligen antiphlogistischen Effekte ([5], [6]) in der Hauptsache auf die Abbauhemmung des L_4 zurückzuführen sind.

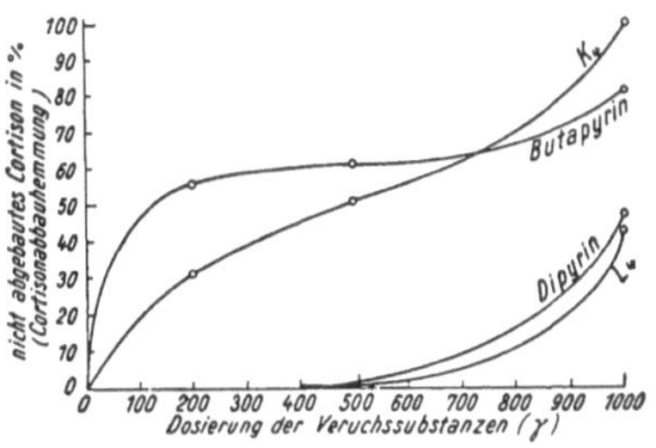

Abb. 1. Darstellung der Cortisonabbauhemmung bei verschiedener Dosierung der Versuchssubstanzen Butapyrin, K_4, Dipyrin, L_4 (unbebrütete Versuchsreihe)

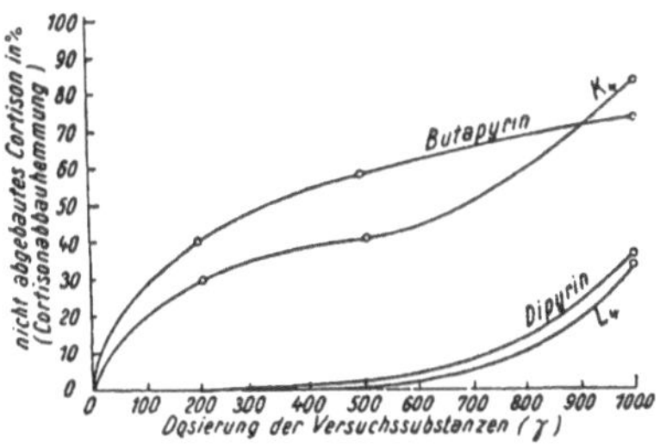

Abb. 2. Darstellung der Cortisonabbauhemmung bei verschiedener Dosierung der Versuchssubstanzen Butapyrin, K_4, Dipyrin, L_4 (bebrütete Versuchsreihe)

Die Ergebnisse wären therapeutisch so zu übertragen, daß Cortison, welches dem natürlichen Abbau in der Leber anheimfällt, in diesem Falle zu 80 bzw. 98% weiterhin für therapeutische Zwecke dem Körper zur Verfügung stehen würde.

Die Tabelle 1 zeigt die auszugsweise für einen mit 1000 γ inkubierten Ansatz gefundenen Werte für das aktive Cortison in %, nach Kombination mit Neostigmin (0,015% des Neostigmin zu der jeweilig 30%igen Verbindung).

Tabelle 1

Zusammenstellung der aktiven und inaktivierten Cortisonmengen nach Neostigminzusatz von 0,5 γ zu je 1000 γ der Antirheumatica

Versuchs-Substanz	Butapyrin + Neostigmin	K_4 + Neostigmin	L_4 + Neostigmin	Dipyrin + Neostigmin
nicht abgebautes (aktives) Cortison	50 γ = 60%	46 γ = 55%	38 γ = 45%	42 γ = 50%
inaktiviertes Cortison	40%	45%	55%	50%

Wir hatten solche Dipyrin-Vagotonika-Kombinationen bereits pharmakologisch untersucht [10] und festgestellt, daß besonders die analgetische und antipyretische, weniger aber die antiphlogistische Wirkung dadurch verstärkt werden konnte. Wir erhalten durch diese in Tabelle 1 wiedergegebenen Versuchsresultate eine Bestätigung dieser Befunde.

Neostigmin allein beeinflußte die Inaktivierung des Cortison in der Leber in keiner Weise (geprüft wurden 10, 50, 250, 500, 750 u. 1000 γ). Die Kombinationen Neostigmin und K_4 sowie Neostigmin und Butapyrin zeigten höhere Inaktivierung des Cortison als ohne Neostigmin. Unter Umständen trifft auch hier bei diesen Kombinationen des Neostigmin mit K_4 bzw. Butapyrin im Versuch in vitro der von Gillissen [12] beschriebene „negative Streß" in diesem Falle nach Neostigmin zu, d. h. allerdings ohne spezifische Erregung des Parasympathicus. Es erscheint denkbar, daß — wie von uns an anderer Stelle beschrieben [10], [13] — ein komplexes Geschehen dieses Phänomen auslöst, das auch an spezifische Funktionen der Zelle geknüpft sein kann. Eine von uns nicht gefundene Wirkung des Neostigmin auf die Inaktivierung des Cortison in der Leber kann in vivo eine zusätzliche Erscheinung außer der regressiven Transformation in der NNR darstellen, denn auch nach protrahierter Medikation mit Neostigmin fanden wir nach 4 Tagen keine wesentlich besseren antiphlogistischen Effekte im Versuch am Rattenpfotenödem, wenn wir mit Butapyrin kombinierten. Gillissen [12] beschrieb nach protrahierter Applikation hoher Dosen in vivo eine Gegenregulation des Organismus zur progressiven Transformation der NNR ohne die weiteren antiinflammatorischen Effekte am Ganztier im curativen Test untersucht zu haben. Daher dürften unsere in vitro erhobenen Befunde mit diesen von Gillissen in vivo durchgeführten Versuchen parallel gehen.

Besonders bemerkenswert scheinen uns die Ergebnisse mit K_4 + Neostigmin und mit Butapyrin + Neostigmin zu sein, wenn wir diese Versuchsresultate mit den von Curtis und Eccles [14] mitgeteilten Befunden vergleichen. Diese Autoren stellten bekanntlich fest, daß u. a. für Neostigmin spezielle Schranken (z. B. in den synaptischen Bezirken mancher Neurone) existieren und besonders dann für Substanzen mit höherem Molekulargewicht erschwert passierbar sind. Wir können daher vermuten, daß ähnliche Diffusionsschranken auch an der Leberzelle eine Rolle spielen können.

In diesem Zusammenhang wäre zu diskutieren, ob nicht diese oder ähnliche Diffusionsprobleme bei der geringen bzw. sogar geringeren Inaktivierung des Cortison nach Neostigmin-Dipyrin und Neostigmin-L_4-Applikation im Vergleich zur Inokulation ohne Neostigmin einen Ausschlag geben können. Eine genaue Erklärung dieser Befunde vermögen wir im Augenblick noch nicht zu geben. Unter Umständen spielen spezifische antagonistische Verhältnisse der einzelnen chemisch verwandten Substanzen eine Rolle, die durchaus in der Höhe des Molekulargewichtes begründet sein können.

Literatur

[1] KERSTEN, H. u. H. J. STAUDINGER: Klin. Wschr. 34, 523 (1956).
[2] STENGER, E. G. W., THEOBALD u. K. MÖRSDORF: Arch. int. pharmacodyn. 341 (1955).
[3] STENGER, E. G., K. MÖRSDORF u. R. DOMENJOZ: Dtsch. Med. Journal 574 (1955).
[4] THEOBALD, W.: Arch. int. pharmacodyn. 17 (1955).
[5] HOFMANN, H. u. K. H. CHEMNITIUS: Wiss. Zeitschr. d. Friedr.-Schiller-Univ. Jena 1954/55, IV, 6, 551.
[6] HOFMANN, H., K. H., BOLTZE u. K. H. CHEMNITIUS: Arzneimittelforschung 6, 208 (1956).
[7] BOLTZE, K. H., K. H. CHEMNITIUS u. H. HOFMANN: Pharmazie 11, 319 (1956).
[8] CHEMNITIUS, K. H. K. H. BOLTZE u. H. HOFMANN: Pharmazie 18, 391 (1957).
[9] CHEMNITIUS, K. H.: Arch. exp. Pathol. Pharmakol. 236, 292 (1959).
[10] CHEMNITIUS, K. H.: Arch. int. pharmacodyn. 284 (1958).
[11] TOMKINS, G. u. K. J. ISSELBACHER: J. Amer. Chem. Soc. 76, 3200 (1954).
[12] GILLISSEN, G.: Med. Klin. 48, 806 (1953).
[13] CHEMNITIUS, K. H.: Acta biol. med. germ. 1, 101 (1958).
[14] CURTIS, D. R. u. R. M. ECCLES: zit. nach Rona 200, 318 (1958). J. Physiol. 141, 446 (1958).
[15] SCHMIDT, H. u. H. J. STAUDINGER: Biochem. Z. 324, 128 (1955).
[16] SCHMIDT, H. u. H. J. STAUDINGER: Biochem. Z. 322, 230 (1955).
[17] KERSTEN, H. u. H. J. STAUDINGER: Biochem. Z. 327, 284 (1955).

Summary

Studies were performed on rat liver homogenates on the cortisone inactivation following butapyrin, benzylbutenolid (L_4), dipyrin, benzylbutenoliddipyrin combination (K_4) as well as following combination of these substances with neostigmine. With higher dosages there was no difference between butypyrin and K_4. The good inhibition of the cortison breakdown in the liver could be explained by the action in this direction following L_4.

The combination with neostigmine showed only in the case of butypyrin and K_4 a somewhat smaller increase of inactivation of cortison, i. e. a greater inhibition of breakdown, neostigmine itself was inactive in this experimental set-up.

Резюме

На гомогенизатах печенией крыс исследовалось инактивироеание корти зона после бутапирина, бензилбутенолида (L_4), дипирина, комбинации бензилбутенолида с дипирином (K_4), как и после комбинации этих веществ с неостигмином. При более высоких дозах между бутипирином и K_4 не была найдена никакая разница. Хорошее торможение расщепления кортизона в печени могло быть объяснено в этом отношении после опытов с Комбинация с неостигмуном вызвала только у бутипирина и K_4 небольшое повышение активирования кортизона, т. е. большее торможение расщепления. Один неостигмин оказался при этом без эффекта.

CONTENTS

СОДЕРЖАНИЕ

INHALT

Herausgeber und verantwortlich für den Inhalt: Prof. Dr. Hans Gummel, Prof. Dr. Arnhold Graffi, Prof. Dr. Fritz Jung, Prof. Dr. Alfons Krautwald, Prof. Dr. Samuel Mitja Rapoport. Schriftleitung: Prof. Dr. med. habil. Werner Scheler, Berlin-Buch, Lindenberger Weg 70, Fernruf: 56 98 51. App. 222 Verlag: Akademie-Verlag GmbH, Berlin W 1, Leipziger Straße 3-4, Fernruf: 220441 Postscheckkonto Berlin 35021. Bestellnummer dieses Heftes 1053/4/2. Die Zeitschrift erscheint monatlich. Bezugspreis: DM 9,50. Veröffentlicht unter der Lizenz-Nr. ZLN 5022 des Ministeriums für Kultur, Hauptverwaltung Verlagswesen. Gesamtherstellung: VEB Druckerei „Thomas Müntzer" Bad Langensalza.

FSC
www.fsc.org
MIX
Papier | Fördert gute Waldnutzung
FSC® C083411

Zeitfracht Medien GmbH
Ferdinand-Jühlke-Straße 7
99095 Erfurt, Deutschland
produktsicherheit@kolibri360.de